为女孩量身定做的成长书

女孩百科
完美女孩的励志故事

要成长，更要成功！

彭凡 / 编著

化学工业出版社
·北京·

图书在版编目（CIP）数据

完美女孩的励志故事/彭凡编著.—北京：化学工业出版社，2020.7（2025.6重印）
（女孩百科）
ISBN 978-7-122-36953-6

Ⅰ.①完… Ⅱ.①彭… Ⅲ.①女性-成功心理-青少年读物 Ⅳ.①B848.4-49

中国版本图书馆CIP数据核字（2020）第083856号

责任编辑：丁尚林　马羚玮　　　　　　　　装帧设计：花朵朵图书工作室
责任校对：王佳伟

出版发行：化学工业出版社（北京市东城区青年湖南街13号　邮政编码100011）
印　　装：涿州市般润文化传播有限公司
710mm×1000mm　1/16　印张11　2025年6月北京第1版第6次印刷

购书咨询：010-64518888　　　　　　　　　　售后服务：010-64518899
网　　址：http://www.cip.com.cn
凡购买本书，如有缺损质量问题，本社销售中心负责调换。

定　　价：39.80元　　　　　　　　　　　　　　　　　　　　版权所有　违者必究

梦想与现实的距离,
其实并不远;
微笑与眼泪的差别,
就在一念之间。

如果你曾经整日低迷,
好像走到生命的最后一天;
如果你曾经丧失热情,
感觉阳光渐渐走远。
80条励志格言,
将唤醒你的心灵,激活你的生命,
让你明白,
挫折并不可怕,
幸福靠自己去选,
只要努力,
前面就是一片蓝天!

第1章　幸福摩天轮

你微笑，世界也微笑	2
你是上天的恩赐	4
相信自己没错的	6
真的做到了！	8
完美女孩在哪里？	10
哇，我看到彩虹了！	12
加油，勇气！	14
拖拉症少女	16
转角遇到……	18
这你也会？	20
别担心，你还有我！	22

别样的祝福	24
来吧，我不怕！	26
可心的新邻居	28
曾经温暖过你的人	30
不要指责我！	32
春天不远了！	34
永不放弃希望	36
嗯，走自己的路！	38
小鸟飞走了	40

第2章　梦想直升机

躺在过去成绩上的人	44
白日梦女孩	46
慢悠悠和急匆匆	48
知识有什么用？	50
滴水可以穿石	52
自动学习机	54
你骄傲了吗？	56
刚开始怎么这么难？	58
你早做准备了吗？	60
成功的秘诀好简单！	62

我的愿望是……	64
钱包空和脑袋空	66
原来我不穷	68
真正的朋友	70
攒钱是为了……	72
阳光大伯	74
完美的秘诀	76
可心的日记本	78
开心果的烦恼	80
小小的愿望	82

目录

第3章　七色彩虹桥

效率很重要！	86
不要再后悔啦！	88
我也要加油！	90
争取来的机会	92
原来运动这么棒！	94
钓鱼的故事	96
爬山没有那么难！	98
天才是这样炼成的	100
什么是成功呢？	102
我和我最好的朋友	104

有气质的秘密	106
新裙子弄脏之后……	108
爱是花蜜	110
我不要和别人比！	112
妈妈，谢谢您！	114
人多力量大	116
快乐其实很简单	118
对这一条鱼有用	120
唉，错过的洋娃娃！	122
比金钱更重要的……	124

第4章　快乐万花筒

感恩的心不要丢	128
最后一名也荣耀！	130
诚信哪儿去了？	132
失败也是我需要的	134
幸福是可以分享的	136
要不要说？	138
不再生气了	140
神奇的调查问卷	142
压力好大怎么办？	144
小草会疼	146
啊，又浪费时间了！	148

做节俭的好孩子	150
每一粒米都是宝贵的	152
下雨了，天晴了	154
别要求那么高！	156
盲人的手电筒	158
最好的消息	160
每天进步一点点	162
雨衣给谁用？	164
我不为明天忧虑	166

第 1 章

幸福摩天轮

你微笑，世界也微笑

● 当你微笑时，世界爱了他。

——［印度］泰戈尔

"可心，那个叫许梦洁的新同学可真受欢迎啊！"同桌丁晓薇悄悄地对叶可心说。

"是吗？"叶可心抬头看了看，一堆同学正围着许梦洁有说有笑呢！

叶可心的心里可不是滋味了。在许梦洁来之前，她可是班里的明星，学习好，长得漂亮。许梦洁看起来很普通，为什么会把她的风头抢了呢？

放学后，叶可心又像往常一样，约丁晓薇一起回家，可是丁晓薇却为难地说："今天我和许梦洁约好了一起补习功课。"

叶可心再也忍不住了，她大声问："许梦洁究竟有什么好？！你们都喜欢跟她在一起？"

丁晓薇认真地对叶可心说："你没发现吗？许梦洁对每个人都很和气，对每个人都有微笑。"

叶可心不由得陷入了沉思，自己虽然各方面都出色，但每天都板着一张脸；许梦洁虽然不漂亮，但是她微笑的样子还是蛮可爱的。

叶可心终于知道了，原来微笑有这么大的作用。

微笑是无声的动人乐章，是生活里明媚的阳光，它能驱走心里的阴霾，也能拉近人与人之间的距离。当你微笑的时候，会觉得天也蓝，花也香，梦也甜。那么，还犹豫什么，快来一起微笑吧！

微笑是展示自己、结交朋友的最佳方式，也是调整心态的杀手锏。让我们一起来练习微笑吧！

第一步：找一根筷子，用上下门牙轻轻咬住。

第二步：嘴角上扬，也可以用双手手指按住嘴角向上推，上扬到最大限度。

第三步：保持上一步的状态，拿下筷子，对着镜子看，这就是你微笑的基本脸型。

第四步：保持微笑。

你是上天的恩赐

● 天生我材必有用。

——(唐)李白《将进酒》

"莫小美,你能不能好好走路啊!"一个男孩冲着莫小美大声说。

莫小美没说话,她的眼泪在眼眶里打转。

莫小美从小患上了小儿麻痹症,因此走路总有点儿一瘸一拐的,很多男同学就趁机欺负她。

这些都被一旁的叶可心看在眼里,她走上前去,对那个男生大声说:"这次知识竞赛小美得了第一名,你呢?"

男孩吐了吐舌头,一溜烟跑了。

莫小美十分感激,对可心说:"可心,谢谢你!你让我有了闪光点。"

"没关系,我觉得每个人都有自己的优点,你要多发掘自己的优点哦!"叶可心拉着小美的手,真诚地说。

是啊,只要你存在,你就有存在的价值和理由。上天不会白白地多造一个人,所以,无论遇到什么处境,你都要坚定地对自己说:"我是上天的恩赐,天生我材必有用。"

 实践此格言的名人:

梵高:荷兰后印象派画家,他用一支画笔,在那黑得看不到一点光的社会里,画出了著名的《向日葵》。

陈景润:中国著名数学家。他不善言辞,生活自理能力很差,但是这并不妨碍他成为一名卓越的数学家。他对哥德巴赫猜想的研究成果在世界上都遥遥领先。

相信自己没错的

● 自信是成功的第一秘诀。

——[美]爱默生

"明天就是全校演讲比赛了,你准备得怎么样?"丁晓薇问叶可心。

叶可心觉得心里一阵紧张:"我,我觉得好像还不太好。"

"没关系的,一定要对自己有信心。在我心里,你是最棒的!赢了请我去玩电动呀!"丁晓薇对着可心扮了个鬼脸。

"没问题!"叶可心对她打了个OK的手势。

她仔细想想:是啊,我是班上精选出来的代表!无论是发音、吐字还是断句,都还是不错的。实在不行,我

还可以用自己的一口白牙征服评委。

整个晚上，叶可心都一直在为自己打气，果然第二天比赛结果非常好，得了第一名。

她开心极了，心想：原来真的要相信自己！

先相信自己，别人才会相信你，所以，无论遇到什么情况，无论遇到什么挑战，我们都要在心里默默地鼓励自己，相信自己一定能行！

培养自信的方法

● **正确面对失败**

人的一生中，一帆风顺是不可能的。所以一定要有面对失败的勇气，大不了从头再来。

● **扬长避短**

善于挖掘自己的优势，避开自己的劣势。

● **注重仪表**

把自己收拾得干净利落，会让自己的心情好很多。当然，凡事有个度，也不要过度重视外表哟！

● **广交朋友**

朋友的关怀会让你倍感温暖，朋友的赞扬会让你信心大增。

真的做到了！

- 有志者，事竟成。

——（南朝）范晔《后汉书》

班里要准备办板报，班主任柳老师让感兴趣的同学报名参加。

丁晓薇捅了捅叶可心的胳膊："你的字写得那么好，咱们也去报个名吧！"

"这——"叶可心心里开始敲起了小鼓，"我没有经验，要是没有办好，岂不是丢人吗？"

"谁一开始就有经验啊！上次去你家，你第一次自己做饭，我就觉得很好吃。"

"那可是我跟妈妈学了好几次，才做好的呢！"

"这个也一样。来，我配合你，咱们一定能做好！"

于是两个人一起报了名。从那天起，她们就像小蜜蜂一样忙碌起来：一个查资料，一个学习如何排版；一个苦练画画，一个勤练粉笔字……最终，她们为班里制作的第一期板报获得了同学们的一致好评！

只要你想做一件事情，就奔着这个目标去努力，一定会取得好成绩。相信自己吧，因为有志者，事竟成。

相关名言：

有志者事竟成，破釜沉舟，百二秦关终属楚；
苦心人天不负，卧薪尝胆，三千越甲可吞吴。

——（清）蒲松龄

一个有计划的人才会离成功更近。试着做每件事前制定一个计划吧！把以下的计划表填好，然后再一步步去实施！可不要偷懒呀！

我的目标	我的计划	我达到的结果
	月　日	
	月　日	
	月　日	
	月　日	
	月　日	

完美女孩在哪里？

● 不完美才是人生。

——季羡林

"我也要做完美女孩！"叶可心对同桌丁晓薇说道。

原来，她正在看一本杂志，杂志封面上是一个很漂亮、很有朝气的女孩，上面印着"完美女孩"几个大字。

"完美女孩是什么样的呢？"丁晓薇问。

"完美女孩，就是集各种优点于一身的女孩吧。"叶可心大声说。

"但是这样的人太完美了，好像并不存在吧？"丁晓薇有些迟疑。

"有啊，就像我邻家姐姐，长得可漂亮了！家里人都宠着她！"

"可是，她学习似乎不太好啊！"

"那……我小学同桌，她又漂亮又聪明，学习一级棒！"

"可是，她都有点不合群，没几个朋友啊！"丁晓薇反驳道。

哇，原来我心目当中的完美女孩都不完美。叶可心忽然发现了这个事实。

怎么，你也想做完美女孩吗？其实，这世上没有完美无缺的事物。每个人都有自己的缺憾，我们要做的，就是调整自己的心态，努力完善自己，让自己变得趋于完美，你说对吗？

相关格言：

小事成就大事，细节成就完美！

——[美]戴维·帕卡德

哇,我看到彩虹了!

● 失败是坚韧的最后考验。

——[德]俾斯麦

又下雨了,叶可心站在窗前,她的心情跟天气一样低落,因为这次期中考试,她没考好。

妈妈端来了一碗鸡汤:"快来喝汤吧!"

"不,妈妈,我不想喝。"

妈妈走过来,摸了摸叶可心的额头,她怀疑可心身体不舒服。

"乖孩子,怎么了?"

叶可心再也忍不住,趴到妈妈怀里哭起来:"我这次没考好,呜呜呜!"

"原来是这样啊,傻孩子,只有经历了失败你才会知道自己的问题所在,努力改正,下次就会取得进步,就像不下雨就不会有彩虹一样。快看,外面的彩虹好漂亮!"

"不,外面正在下雨。"叶可心拒绝往外看。

"真的,妈妈不骗你。"妈妈把叶可心的头扶起来往外看,哇,外面真的有一道七色的彩虹。

叶可心的心情一下子好了起来。她想,既然下过雨才会有彩虹,那么,经历过失败,才会努力地向成功迈进吧。

所以,我们不怕下雨,因为下雨后会有彩虹;我们不怕失败,因为失败是通往成功路上的垫脚石!

失败后崛起的人:

肯德基创始人山德士上校,退休后只能靠政府发的救济金生存,他有一个炸鸡的秘方,于是他跑遍各大食品公司,推销他的秘方,可惜每次都是以失败而告终。但他毫不气馁,经过了1010次努力,他终于被一家食品公司所认可。而后五年时间里,他开了400多家分店。现在,肯德基已经在全世界遍地开花。

加油,勇气!

● 我崇拜勇气、坚忍和信心,因为它们一直助我应付我在尘世生活中所遇到的困境。

——[意大利] 但丁

学校组织了女子棒球队,号召同学们都报名参加。

作为班长的叶可心,在班里号召了好几次,都没有人报名参加。同学们的理由很简单:棒球好危险!

没办法,叶可心只好自己报名了,说实话,她自己心里也在敲鼓:"我到底能不能行啊?"

练球的时候，叶可心缩手缩脚，教练看不下去了，走过来对她说："别害怕，加油！"

叶可心点点头，但是心里仍克服不了恐惧。

休息的时候，教练走过来，他拉开自己的袖子，给叶可心看自己胳膊上的伤。

"教练，你怎么有这么多伤？"叶可心很吃惊。

"是啊，练球确实有一定的危险。我们做好了防护措施，也尽量用软球不用硬球，即使如此，也还是有风险。但是我们不要怕，有了勇气，才是做好一切事情的基础。"教练语重心长地说。

教练的话给了叶可心很大的启发，如果这点勇气都没有，那干脆不要参加了！

好，加油，勇气！叶可心一边想着，一边跑到了赛场上。

你准备好了吗？当遇到困难、挫折的时候，勇气真的会给你很大的力量。别把你的勇气丢了，因为有勇气才能铸就非凡成就！

勇气小故事

张海迪从小患病，高位截瘫，但是她用勤奋的学习和工作焕发生命。她自学了多门外语，还苦心研究医学，为成千上万的病人送去了温暖，还发表了上百万字的作品。她用自己的毅力和勇气，感动和影响了很多人。

拖拉症少女

● 明日复明日，明日何其多。
　　　　　　——（明）钱福《明日歌》

叶可心想自己尝试着写小说。

"我已经想好开头了，但是还不知道怎么下笔。今天晚上就能写了。"叶可心跟丁晓薇说。

第二天，丁晓薇问叶可心："怎么样，写好开头了吗？"

叶可心脸一红："昨天晚上写完作业已经太晚了，就没有写。"

第三天，丁晓薇又问起小说的事，叶可心又没有写。

时间一天天过去了，丁晓薇再也没有问起小说的事。叶可心今天有事，明天有事，一直也没有写一个字。

直到有一天，丁晓薇拿着自己发表的一篇小故事来找叶可心，叶可心才发现原来丁晓薇一直暗暗地写作，而自己，出于懒惰，一个字也没有动过。

你有没有过这种情况？想做一件事情，但总是找各种理由拖延，最终没有做成，如果你意识到这一点，一定要督促自己，就从今天开始做吧！

医治拖拉小偏方

1. 将要做的事情分成小块，放到自己的日程表上。每次只完成其中的一小块，这样就好完成多了。

2. 一旦想到了马上就去做。避免自己给自己找借口。

3. 把最艰难、最重要，或者最不喜欢的事情放到第一位去完成。

4. 做事情的时候避免他人的打扰，最好选择在一个安静的环境中进行。

5. 找一个人比赛做同一件事，效率会大大提高呢！

转角遇到……

● 尺有所短，寸有所长。
　　　　　　　——（战国）屈原《卜居》

"哎，怎么每次上课都这么无聊啊！"叶可心坐在绘画班里，无精打采地拿着笔在手上转圈圈。老师在上面讲些什么，她一点儿都听不进去。哎，她对画画一点儿也不感兴趣，是妈妈逼她学的。

这时，她突然听到外面传来悠扬的琴声。她不自觉地走了神，手随心走，居然把外面曲子的曲谱写到了画板上。

交作业的时候，老师意外地发现叶可心交上了一张乐谱。

"你的画呢？"老师问。

"老师，其实，

我走神了……"叶可心实话实说。

绘画老师把乐谱交给了隔壁吉他班的刘老师,吉他老师有些意外,发现乐谱一点都没错。

在吉他老师和绘画老师的建议下,叶可心的妈妈把绘画班退了,给她报了吉他班。

在吉他班,叶可心如鱼得水。她终于觉得,上兴趣课不是那么无聊的事了。

找到自己的兴趣并发展,是多么让人高兴的一件事啊!如果你发现自己在某方面没有特长,那么,在别的方面找找,说不定在不为人知的某方面,你是一个天才呢!

如何发掘自己的长处

1. 把自己想做的事情都写在第一个空格里。

2. 从自己想做的事情中选择自己能做的,填到第二个空格里。

3. 从我能做的事情中选择自己擅长做的,填到第三个空格里。

好啦,第三个空格里,就是你的特长了!

我想做的　　　　　　　　我能做的

我擅长做的

这你也会？

● 三人行，必有我师焉。

——（春秋·鲁）孔子

"可心，考第一名啦，要祝贺啊！请我们吃大餐！"经过一阵子发奋图强，叶可心终于在这次期末考试中考了第一名，同学们都围上来祝贺她。

只有她的前桌胡小意——一个刚转学来的少言寡语的女孩子，没有表达什么意见。当然了，叶可心也不在乎，因为她觉得胡小意又土又笨，也懒得跟她说话。

放学了，叶可心去车棚里推心爱的自行车，她忽然发现，车链子掉了。

同学们都稀稀拉拉地走完了，周围也没有修自行车的，这可怎么办？

叶可心尝试着自己去修，弄了一手油，也没有修好。

这时候她身后传来了一个声音:"我帮你看看吧。"

叶可心回头一看,原来是胡小意,那个转学生。

"你会?"叶可心有点不相信。

"让我试试。"胡小意没有多说话,她的手灵活地伸到车子里,很麻利地把车链子安上了。

"谢谢你!"叶可心很诚恳地说。

"没事。"胡小意露出了甜美的笑。

你的生活中是不是也有这样的人,看起来不起眼,但是身上有好多值得我们学习的地方,包括品质、言行、技能等。所以,不要小瞧每一个人,每个人身上都有闪光点呢!

相关名言:

有所不知,效人之所知;有所不能,效人之所能。
——康有为

博取广收,取精用弘。
——郑振铎

向别人学习小窍门:

谦逊:不要小瞧每一个人,每一个人身上都有值得我们学习的地方。

发现:善于发现别人的长处,一旦发现,虚心向别人求教。

互助:可以和同学组成互助小组,你帮我这个,我帮你那个。

别担心，你还有我！

● 友谊真是一样最神圣的东西，不仅值得特别推崇，而且值得永远赞扬。

——［意大利］薄伽丘

"听说了吗？许梦洁家里出事了，她爸爸出车祸了，现在还躺在医院里呢！"叶可心刚坐到座位上，丁晓薇就凑过来对她说。

"啊？竟然有这种事？怪不得这几天她没来上学。"叶可心觉得心里很难过，"那我们放学后去看看她爸爸吧。"

放学后，几个小朋友合计了一下，买了点儿水果，一起到了医院。

看到叶可心、丁晓薇、胡小意几个好朋友，许梦洁感动得说不出话来。

叶可心紧紧握着许梦洁的手："别担心,还有我们呢!我们会轮流帮你补课的。"

许梦洁重重地点点头,几个好朋友的手紧紧地握在一起。

是啊,朋友是迷路时照亮前方的那盏灯,是我们永远的避风港和依靠,让我们尽心尽力地经营我们的友谊之花,让它一直华美绽放!

★ **真朋友的8条标准:**

1. 能在你最困难的时候帮助你。
2. 你感冒或者没来上课她会第一个问起。
3. 能和你说知心话,非常信任你。
4. 不会因你和其他朋友在一起而不理你或者疏远你。
5. 能清楚地记得你的生日或者对你很重要的日子。
6. 能够在你尴尬时帮你解围。
7. 在别人面前从来不说你的隐私。
8. 对待你的父母很有礼貌。

好啦,对照一下标准,看看自己有多少真朋友,同时也看看,自己是不是真的够朋友?

别样的祝福

● 奇迹多是在厄运中出现的。

——［英］培根

周末到了,叶可心和胡小意一起骑车去家附近的游乐园玩,她们在这里坐过山车、骑旋转木马,过得好不惬意!

"今天玩得真开心!"叶可心一边说着,一边推车,旁边胡小意大叫起来:"我的车子!"

胡小意的自行车本来停在叶可心的旁边,然而现在那个位置空了,两人找了好久也没有找到,可惜附近也没有监控。

"这些可恶的偷车贼,我一定找他们算账!"叶可心义愤填膺。

胡小意拉住了她:"算了算了,我走回去吧,离家也不远,还能锻炼身体呢!"

"也是。"叶可心想了想,推车陪胡小意一起回家了。

后来学校举行运动会,胡小意参加长跑,竟然得了个第一名!

胡小意私下里告诉叶可心,丢了自行车后她每天放学走路回家,才练就了耐力和体力,才能跑这么快!

"这样也可以啊!"叶可心忽然发现,原来每个逆境都可以转化成祝福!

你有没有经历过逆境呢,其实只要你善加利用,每个逆境都是化了装的祝福呢。如果正在经历,那么,感谢逆境吧,因为这是你成长的好机会呢!

★ 逆境出人才:

海伦·凯勒:在她19个月大的时候,因一次猩红热而导致失明及失聪,但她不向命运屈服,以优异的成绩毕业于哈佛大学,一生写了14部巨作。

贝多芬:大音乐家,由于贫穷没有上大学,17岁患了伤寒和天花病,26岁不幸失去听觉。在这种情况下,他发誓要扼住命运的咽喉,创作出了许多世界名曲。

来吧,我不怕!

● 真正的对手会给你灌输巨大的勇气。
——[奥地利]卡夫卡

棒球队迎来了它成立后的第一场正式比赛——与隔壁阳光中学的较量。叶可心经过几个月的训练,已经成为一名优秀的棒球手,并且担任了女子棒球队队长。

第一次较量之前,叶可心和她的队员们经过了充分的准备,包括比赛应该注意的事项、战略战术等,但是见到对手的时候,叶可心她们还是有点发怵。

因为阳光中学派出的对手,好高好壮,平均身高比她们要高10厘米。

"这可怎么打啊?"队友们议论纷纷,士气有点儿不振。

结果可想而知,叶可心的队伍惨败。

比赛之后,教练把她

们召集到一起，反复给她们打气，并调出录像，指出对方的弱点给她们看。

"其实胜败就掌握在你们手里，你弱敌就强，你强敌就弱。当你看到对手的时候，不要想着对方有多强，有多难攻，而要想，我是信心百倍的，我是最强大的，这样才能战胜他。"教练说。

听了教练的话，大家充满了斗志，鼓足了劲儿要扳回一局。结果她们在第二场比赛中大获全胜！

我们在生活中，总会遇到对手。真正的对手，能帮助我们正视自己，也能帮助我们鼓起勇气，这才是最宝贵的，你说对吗？

★ 比赛前心理按摩器

1. <u>鼓励自己</u>。不要怕，我其实可以的。

2. <u>多多微笑吧</u>。微笑既能舒缓自己的压力，也能让对方感到压力。

3. <u>充分准备</u>。做好功课，充分准备，这样才会心里有数，不会感到吃力。

4. <u>大脑放空</u>。不要想万一失败了怎么办的无聊问题，全心全意备战。

5. <u>放轻松</u>。轻舒一口气，和队友拥抱一下。

可心的新邻居

● 君子莫大乎与人为善。

——（战国·邹）孟子

"我们隔壁新搬来一家人。"吃饭的时候，爸爸不经意地说。

新邻居是一对年轻的夫妻和一个小女儿，叶可心经常会看到邻居阿姨带着小妹妹下楼。

周末，叶妈妈准备了一桌好菜，叶可心高兴极了。

"哇，这些菜都是我爱吃的！"叶可心大声说。

"你去请隔壁的叔叔、阿姨和小妹妹过来。我们一起吃好吗？"妈妈笑着说。

"可是——"叶可小声说，"我跟他们又不熟，为什么要请他们来呢？"

妈妈没有说什么，亲自去隔壁请他们。隔壁邻居一家对于叶家的邀请感到十分意外，但他们还是高兴地来赴宴了，叶可心和小妹妹玩得非常开心。

从此,叶可心家和隔壁家成了好朋友,经常互相帮助,直到他们搬走。隔壁小妹妹还送给叶可心一个自己做的钱包,叶可心一直珍藏着。

是啊,只要是我们身边的人,我们都应该友善地对待。因为,他们来到我们身边,就是和我们做朋友的,不是吗?

历史小故事

战国时期,孟子给学生上课,经常拿子路的例子来教育他们:"子路非常虚心,他总是虚心听取别人给他指出的毛病和不足,然后改正。从历史上看,凡是君子都是吸取别人的优点、长处,自己来做善事,如舜、禹等都是如此。君子的最高德行就是与人为善。"

了解了这么多,那就从我们身边开始实践吧!试着对你身边的人微笑吧!

曾经温暖过你的人

● 人家帮我，永志不忘。

——华罗庚

一名校友林女士来到学校做演讲，她是一位知名的心理学家。

叶可心和同学们一起去听林女士的讲座。讲座上，林女士深情地讲起了对她影响最大的一个人。

"对您影响最深的人应该是您的研究生导师吧？"主持人问。

"不是的，是一位街头扫地的阿姨。"林女士说。

全场哗然，大家都很诧异。

林女士接着说："因为我小的时候，家里穷。有一天我没有吃早饭就去上学，结果就晕倒在地上，那位街头清扫的阿姨把我摇醒，得知我没有吃早饭，把自己怀里的一个烧饼给了我。这个烧饼，让我铭记一辈子。"

原来，是陌生人的帮助让她一直感恩在心。人在孤独的时候，落寞的时候，一个微笑，一句话，都会温暖她的心。当你走出困境的时候，别忘了曾经温暖过你的人。

> 为了提醒你想起温暖过你的人，我们特邀你做一个小调查：
>
> ● 1. 当你最困难的时候，谁曾经帮助过你？
> ● 2. 你听到过最暖心的话是什么，是什么人在什么情况下对你说的？
> ● 3. 谁的微笑和鼓励让你终生难忘？
> ● 4. 有没有经历过一个特别温暖的瞬间？

好了，调查完毕，既然你想起来了，还犹豫吗？是不是该和那些人联系一下，问候一声呢？

找朋友

每次参与活动为10人，在乐曲中听主持人的口令"三人抱成团"，参与者在最短的时间内找到两人抱好，这样就剩一人被淘汰！主持人可按实际情况喊口令！

不要指责我！

- 人告之以有过则喜。
  ——（战国·邹）孟子

叶可心晚上做了一个梦，梦见周围的人都在指责她的缺点。她不断地辩解，最后实在是百口莫辩，忍不住哭了，哭着哭着就醒了。

醒了之后，叶可心看到妈妈在身边。

"现在都八点钟了，上学马上要迟到了！昨天是不是又睡晚了？"妈妈急切地说。

叶可心有点不高兴，说："妈妈，我刚才做梦，梦见大家都在指责我，现在醒了您也指责我。"

"是吗?指出你的问题所在,其实对你是好事啊!"

"我不觉得有什么好。"叶可心一边急匆匆地穿衣服一边说。

"如果我说了,你改正了,那对你来说不是很好吗?"

好像是这样的。叶可心忽然想明白了。

"那我以后早起早睡,争取不迟到。"叶可心背上书包,急匆匆地走出家门。

妈妈看着叶可心的背影,觉得她长大了。

其实,别人指出我们的问题所在,才是对我们最大的帮助,因为我们知道自己有了进步的空间。你们说是不是呢?

● 面对指责的N种反应,我选_____

A. 立刻跳起来,跟对方辩论。

B. 默默不语,心怀怨念。

C. 表面答应,实则不屑。

D. 高高兴兴,接受批评,努力改正。

春天不远了！

● 冬天已经到来，春天还会远吗？

——［英］雪莱

冬天来了，校园花池子里都结满了冰。胡小意看着冰冷的水面，心也凉凉的。她连续给校报投了好几篇稿子，都石沉大海，这让她觉得很失望。

丁晓薇走了过来，她冲着胡小意大声喊："小意，快上课了，你愣在那里干什么呢？"

胡小意还坐在那里，一动也不动。

丁晓薇跑了过来，气喘吁吁地说："你干什么呢？"

"哇——"还没等胡小意回答，丁晓薇好像发现新大陆似的大叫起来，"水面都结了冰，这些冰看起来好漂亮啊！"

"可是，我讨厌结冰，我讨厌冬天。一到冬天我的运气都是坏的。"胡小意嘟囔着说。

"冬天来了，那春天还会远吗？"

"你说的好像也有道理，春天早晚会来的。"胡小意心里慢慢敞亮起来，"继续努力，早晚会迎来春暖花开。"

遇到难题的时候不要悲观失望，因为，冬天总会过去。经历过困难之后，你会发现，春天已经焕发出勃勃生机，在向你招手！

遇到困难和挫折的时候，不要怕，我们准备好精神"食粮"，先把冬天熬过去再说！

如何过冬？

1. 困难和挫折如寒冬，正是我们积蓄能量的好时候。这时候我们要多多汲取各种营养，提高自己。
2. 心态要平和，要知道冬天只是一时的，春天迟早会来的。
3. 这也是我们学习的好时候，多向周围的人请教，像蜜蜂一样，博采众家之长。

永不放弃希望

● 永远没有人力可以击退一个坚决强毅的希望。
　　　　　　　　　　——［英］金斯莱

叶可心的阿姨刚刚查出患了重病。

叶可心和妈妈去看阿姨。病床上，阿姨正在织毛衣，她高兴地对可心妈妈说："我已经学会织一种新的花样了，等着我给可心织一件新毛衣吧。"

看到阿姨这么乐观，叶可心也很高兴，她回家的路上对妈妈说："阿姨好乐观啊！"

妈妈对叶可心说："别忘了，只要有生命，就是有希望，只要人活着，就有出现转机的可能。"

叶可心重重地点了点头。

在家人精心的照顾下,阿姨的病情不断地好转,后来竟然痊愈了,连医生都很惊讶,觉得是一个奇迹。

"原来世界上真有奇迹。"叶可心对妈妈说。

是啊,这件事也同样激励着我们,有生命就有希望。无论遇到什么艰难困苦,都不要放弃,咬咬牙挺过去,前面就是一片艳阳天!

看,那些不轻言放弃的朋友们:

1. 地里的小草,今年干枯了,明年一样会冒出芽来,春天来临,又是绿油油的一片。

2. 毛毛虫在变成蝴蝶之前很丑陋,但是它坚持不懈地努力成长,最终会变成美丽的蝴蝶。

3. 梅花,不畏惧严寒,在冬天盛开。

4. 蜗牛,背着重重的壳,一步步地爬向终点。

嗯,走自己的路!

● 走自己的路,让别人去说吧。

—— [意大利] 但丁

班里要选一位劳动委员,好多同学都报名了。柳老师宣布结果的时候,大家都大吃一惊,平时不起眼的胡小意竟然当选了。

消息一传开,同学们都议论纷纷。

"她那么内向,怎么能当劳动委员呢?"

"是不是走后门了?"

胡小意很苦恼,她去找柳老师:"老师,我不适合当劳

动委员,您换其他同学吧。"

柳老师问她:"你知道我为什么选你吗?"

胡小意摇摇头。

"因为你吃苦耐劳,又富有奉献精神,很适合做劳动委员,老师相信你能做好。不用在意别人说什么,用成绩说话。"

胡小意把柳老师的话记在心里,她当上劳动委员之后,处处为同学分忧,很快在班里建立起了威信,那些流言蜚语也渐渐消失了。

当你遇到流言的时候,不要太在意,走自己的路,用自己的实力去击破流言,毕竟事实胜于雄辩,不是吗?

走好自己的路:

1. 不羡慕、不嫉妒别人,做好自己。

2. 别人对你的流言蜚语,不用去在意,因为别人不能影响我们的生活,只要行得正,走得端,我们就没有什么好在意的。

3. 我们不要对别人指指点点,因为别人的生活是他们的,我们也无权干涉。

小鸟飞走了

● 生活的真正意义在于奋斗和拼搏。

——张海迪

叶可心在自家的阳台上,发现了一只小鸟,小鸟扑闪着翅膀,似乎在向她求救。

叶可心凑上去查看,发现小鸟的一条腿血淋淋的,受了伤。她把小鸟抱回屋里,给小鸟包扎好伤口,同时把家里的谷子取出来,喂给小鸟。

看着小鸟一口口地吃着东西,叶可心忽然萌生了一个念头:"养一只小鸟也不错。"

她的想法得到了

全家人的一致反对,爸爸说:"小鸟终究会飞走的,它不会眷恋圈养的生活。"

终于有一天,可心回家的时候,发现阳台上空空如也。

妈妈说:"小鸟飞走了。"

"难道它真的不喜欢安逸的生活?"叶可心喃喃自语。

"小鸟是属于天空的,生命的意义在于拼搏,如果一味地寻求安逸,那生命也就失去了它原有的价值。"妈妈说。

是啊,我们每个人都有自己的天空。尽管有风有雨,但是在拼搏的过程中,也学会了成长,如果一味寻求安逸,我们不仅成长得慢,也会少体验很多乐趣。

拼搏人生:

我相信,

有付出就有收获,

有风雨就有彩虹。

不拼搏的人生,

是不完整的人生。

让我们把梦想的帆扬起,

打开希望的灯,

努力过后,

必定收获美丽的风景。

第 2 章

梦想直升机

躺在过去成绩上的人

● 业精于勤，荒于嬉。

——（唐）韩愈

丁晓薇是班上数一数二的学习尖子，老师经常表扬她。

每次发试卷，叶可心都情不自禁地对她说："哇，你考的分数好高啊！"

丁晓薇觉得自己学习好，一方面是因为努力，另一方面是因为自己聪明，她也经常为自己的聪明沾沾自喜。

放暑假了，丁晓薇迷上了玩手机游戏，开学之后，她仍然不能自拔。

丁晓薇把原来学习的时间都用在了玩游戏上，渐渐荒废了学业。

"你这样可不行，是要落后的。"叶可心劝丁晓薇。

但是丁晓薇总是不以为然地说："我成绩很好的，不用学，也能考好。"

期中考试了，丁晓薇傻了眼，成绩一落千丈。她这才知道，即使过去成绩好，如果不学习，也是要落后的。

"只要功夫深，铁杵磨成针"，这是老话。但是，如果不下功夫的话，即使你本身就是一根针，也是会生锈不能用的！

★ **学习小达人是怎么做的:**

1.**预习** 上课之前，把老师要讲的内容好好看一遍。如果发现有比较难掌握的地方，做好标记，待上课的时候认真听讲。

2.**上课** 上课是最重要的环节，一定要认真听讲，重点内容做笔记。遇到没听懂的，要记下来。

3.**作业** 先看书后做作业，态度要认真，作业要规范。

4.**复习** 当天的功课当天复习，同时还要注意单元复习、期中复习、期末复习、假期复习。经过几次复习，就会把知识全部掌握啦！

白日梦女孩

● 言论的花儿开得愈大,行为的果子结得愈小。
——冰心《繁星》

叶可心是一个很爱做梦的女孩,总有一些新奇的东西,让她浮想联翩。

看到同学在绣十字绣,她会说:"哇,我也要买好多的线去做十字绣,让家里都摆满我的作品。"

看到同学在学习打网球,她会说:"哇,我也要学,以后我要成为一位好的网球手。"

看到同学在学画画,她会说:"哇,我也要学,以后当一名画家。"

可是,一切都存在于她的幻想中。时间一天天过去了,她什么也没有做。

时间久了,大家都

叫她"白日梦女孩",她说的好多话,下的好多决心,大家只是听听而已,知道她是不会做的。

你是一个"白日梦女孩",还是一个"行动力女生"呢?做一做下面这个测试,你就知道答案啦!

小测试:你是"白日梦女孩"吗?

1. 我总是喜欢想一些不切实际的事情。
   (□是　□否)

2. 我的愿望50%以上都没有实现。
   (□是　□否)

3. 我总是期待生活中有出人意料的事情发生。
   (□是　□否)

4. 幻想和行动,我总是倾向于前者。
   (□是　□否)

5. 和别人说话的时候大脑常常放空。
   (□是　□否)

如果你选择了3个以上的"是",那么要注意了,你极有可能是一个"白日梦女孩"。在平时的生活和学习中,要多注意,少空想,多行动!

慢悠悠和急匆匆

● 放弃时间的人，时间也会放弃他。
　　　　　　　　——［英］莎士比亚

"快一点啦！"胡小意叉着腰，看着后面慢悠悠的许梦洁。

两个人约好一块去吃肯德基，许梦洁的行动实在太慢，让胡小意等得心急。

点完餐，胡小意很快把一个汉堡、一袋薯条吃完，而许梦洁呢，还在小口小口地啃着鸡翅。

"我不等你啦，我要赶紧去补习班了，你慢慢吃吧！"胡小意说完，急匆匆地走了。

"那，好吧！"许梦洁慢悠悠地吃着，又吃了一个小时。

而在这一个小时的时间里，胡小意做了两道数学题，背了5个单词。

到了期末，许梦洁发现胡小意领到了好多比赛的荣誉证书，学习成绩也比自己高出一大截。

许梦洁忍不住问自己:"小意用功的时候我都去哪儿了?"

利用时间和浪费时间,结果真的很不一样,你发现了吗?那么,从现在开始,珍惜每一分钟,提高自己吧!

● 1. 每天携带一个小本,把想要做的事情都记下来,然后一条一条地实施。

● 2. 督促自己每天都按计划实施,不准偷懒!偷懒的话就罚自己做100个仰卧起坐。

● 3. 预先控制每件事所花的时间,便能在一段时间内完成比别人多的事情。

● 4. 同一时间只做一件事,做的时候全神贯注,集中精力。

● 5. 把一件重大的事分成几件小事,然后一件件地去完成。

● 6. 拖延会产生焦虑,不要等到"最后一刻"再去做。

知识有什么用？

● 知识是精神食粮。

——［希腊］柏拉图

"每天都要为了应付考试而学习，我真是腻了！"叶可心把书本扔到桌子上，发牢骚。

妈妈走过来："你觉得你学习就是为了应付考试吗？"

"难道不是吗？"叶可心仰着头问。

"当然不是，学习是为了掌握知识，让你成为一个充实的人。"

"是吗？"叶可心还不太理解。

妈妈问："你知道中国历史上第一位皇帝是谁吗？"

"是秦始皇。"

"那走在沙漠里，你怎么知道方向呢？"

"我知道有指南针，对了，还能看星

星,北斗七星!"叶可心高兴地说。

"对啊,你是怎么知道这些知识的?"

"都是课堂上学的。"叶可心很开心地说,"我知道了!我们学习知识,不光是为了应付考试,更是为了了解社会,拓宽知识面,充实自己。"

这个道理看起来很简单,但是有几个人会这么想呢?你是不是还在为每天的考试而疲惫地学习呢?其实换个角度,我们学习不是为了考试,而是为了自己,那么,学习起来就会开心很多。

★ 学习达人的一天:

6:50 按时起床,吃妈妈做的早餐。把昨天的功课温习一下。

8:00 到学校,听老师讲课,认真记笔记。课间的时候跟同学聊天,顺便沟通一下昨晚没解决的难题,一块儿把难题做出来。

12:00 在学校吃午饭,顺便跟同学聊聊天,了解下大家都感兴趣的新闻。

14:00 开始下午的学习。课间和小朋友们一起玩游戏。

18:00 晚饭后,做作业,有意识地阅读一些地理、历史、生物等方面的书籍,拓宽知识面。

滴水可以穿石

● 绳锯木断,水滴石穿。
　　　　　——(宋)罗大经《鹤林玉露》

"哎,这篇课文里的英文单词好难背啊!"叶可心忍不住对丁晓薇说。

"嗯,不过没关系,我有秘诀。"丁晓薇朝叶可心眨了眨眼睛。

在叶可心的软磨硬泡下,丁晓薇告诉她:"所谓的秘诀,就是每天背一点,时间长了,就都记住啦!"

"这行吗?"叶可心半信半疑。

丁晓薇调皮地眨着眼睛:"当然行了!如果行的话,你请我吃冰激凌!"

叶可心每天抽出10分钟来背英语单词，不但把这篇课文里的单词记住了，还多背了好多单词呢！

尽管会花钱请丁晓薇吃冰激凌，但是叶可心开心极了！

其实，成功就是一点一点的小事积累起来的。鲁迅先生也曾说，他是把别人喝咖啡的时间用在了写作上。所以，让我们从小事开始做起吧！

★ **成功小故事：**

> 晋代大书法家王羲之，二十年临池练字，因为洗笔，把池水都洗成了黑色。王羲之之所以能成功，就是靠长期的积累。也许你有天分，但是后天的积累更重要。

那些年我们一起坚持做的小事：

1. 坚持每天背一些英语单词。
2. 坚持每天对着镜子微笑。
3. 坚持每天抽出30分钟跑步健身。
4. 坚持每天读一篇好故事。
5. 坚持每天对爸爸妈妈说"我爱你"。

自动学习机

● 劳动是一切知识的源泉。

——陶铸

早上,许梦洁从睡梦中醒来,发现身边放着一台售卖机,上面写着几个字:自动学习机。

她将信将疑地把机器上的帽子戴上,忽然不自觉地背出了一句古诗,这正是老师昨天要求背的!

许梦洁高兴极了,她偷偷地把自动学习机带到了学校。

"什么?自动学习机?戴上帽子就什么都知道了?"丁晓微听到许梦洁的话,忍不住大声嚷嚷起来。

很快,全班同学都

知道了这个消息。

"让我戴一会儿吧,我英文单词还没背过。"

"我历史需要背,让我戴让我戴!"

"自动学习机是我的,我数学一点都不会!"

同学们抢着夺着,不知道是谁把自动学习机碰到了地上,一下子摔碎了。

许梦洁急出了一身汗,醒了才发现那只是一个梦。许梦洁心想:看来自动学习机没什么好的,还是自己学踏实。

是啊,我们每个人的知识都是通过劳动所得。想要不劳而获,那是不可能的,只有在梦里才可能实现!

自动学习机只有在梦里才能出现,这里送你一个学习窍门机,可以随便拿去用!

学习窍门机

学习语文小窍门:增加阅读量,扩大知识面。尽量多读一些经典名著。

学习数学小窍门:理论一定要掌握透彻,加上适当的练习。做题学会举一反三,做错的题学会吸取教训。

学习英语小窍门:多阅读,多背诵,多记忆。可以每天背诵一些句子和单词,增强语感。

你骄傲了吗?

● 骄傲自满是我们的一座可怕的陷阱。

——老舍

"这次考得很棒,下次加油哇!"办公室里,柳老师微笑着对叶可心说。

叶可心高兴极了,回去的路上,走路都是轻飘飘的。

"我考得很好哇!"叶可心对路旁的小草说。

"我真棒!"叶可心对挺拔的大树说。

"下次还要拿第一!"叶可心对树上的小鸟说。

很快就到了下次考试,考场上,叶可心拿着笔犯了难,很多题都似曾相识,但是自己却不会做。

结果可想而知,这次考得很差劲。

柳老师又把她叫到了办公室,问她:"知道这次为什么没考好吗?"

叶可心摇摇头。

柳老师:"因为你骄傲了,在学习上就有所放松。"

"我没觉得自己骄傲啊!"叶可心辩解。

"骄傲是察觉不到的,当你觉得自己棒得不得了的时候,你可能就骄傲了。"

叶可心低下了头,她下决心,以后再也不骄傲了。

有时候骄傲伪装得很好，让你不知不觉地进入它的陷阱。所以，我们一定要提防它，无论取得什么样的好成绩，都别骄傲。

★ 取得好成绩时，我该怎么做？

❶ 告诉自己，我很棒！但是这一切都是努力得来的，所以，下次要更努力！

❷ 帮助落后的同学，让她赶上来。

❸ 上课听讲，课下做作业、复习，都不要有一丝懈怠。

❹ 当别人夸奖我的时候，不要滋生骄傲情绪，让自己的情绪平复，告诉自己还需要继续努力！

刚开始怎么这么难？

● 万事开头难，每门科学都是如此。
　　　　　　　　　　——［德］马克思

班上的同学都在玩通关游戏，叶可心心里也痒痒的。

这天放学后，叶可心拉着丁晓薇的手："你也教我玩通关游戏吧！"

"好啊，我教你！"丁晓薇热情极了。

叶可心开始怎么也玩不好。

"怎么这么难啊！"叶可心都想放弃了。

"刚开始学,肯定有点难,你玩玩就好了。"丁晓薇安慰她说。

果不其然,在丁晓薇的帮助下,叶可心越玩越顺,没过多久,她已经成为一名游戏高手啦!

你有没有刚开始做一件事情时,觉得困难,于是开始抱怨。这时候再坚持一点点,你就会发现事情变得简单多了!

 开始做一件事情的时候,我们应该:

1. 鼓励自己:凭自己的能力一定能胜任。

2. 做好会遇到困难的心理准备。

3. 想到困难只是暂时性的,以后熟练了就会好。

4. 实在有做不下去的地方,可请师长帮助,然后自己完成余下的部分。

你会发现,不知不觉中,你的事情完成了,能力也提高了。

小笑话:从0开始

父亲:"刚开学考试,你怎么就得了个'0'分?"

儿子:"老师说,我们一切都要从'0'开始。"

你早做准备了吗?

- 凡事预则立,不预则废。
  ——(西汉)戴圣《礼记·中庸》

"可心,明天就是数学竞赛,你准备得怎么样啦?"晚饭后,妈妈问叶可心。

"都在心里边准备好了!"叶可心拍着胸脯打包票。

"铅笔和文具盒都准备好了吗?"

"哦,明天准备也来得及呢!"叶可心小声说。她总是喜欢把事情拖到最后一刻。

妈妈忙着收拾家务,没来得及督促她。

第二天早晨,叶可心起晚了,她慌慌张张地收拾好东西,背上书包就走了。

考场上,她打开文具盒,一拍脑袋:"坏了!准备好的橡皮忘带了。"

幸好邻桌借给她一块橡皮,否则这次考试还不知道要吃多少亏呢!

你是不是也有过这种情况?因为事先没做好准备,所以错失了很多机会?那么,从这一刻起,就抓紧时间做你该做的事情吧,不要到最后才后悔莫及!

如果你也有同感,请和我一起念"早做准备宣言"吧!

★ 早做准备宣言

我是喜欢早做准备的人,我讨厌拖拉。

我做事情之前,一定要早做准备,不怕一万就怕万一。

别人交给我的任务,我一定第一时间完成。

老师布置的作业,我回家先完成它。

我是喜欢早做准备的人,我喜欢早做准备。

成功的秘诀好简单！

● 多付出一点，便可多赢一点。

——李嘉诚

叶可心的表姐是一名优秀的羽毛球运动员。

有一次，叶可心陪爸爸妈妈去看表姐打羽毛球比赛。赛场上，表姐身手矫健，动作敏捷，技术过硬，旁边的人都连连称赞。

比赛结束的时候，叶可心跑过去冲表姐竖起大拇指："表姐，你的技术太棒了！"

表姐擦擦汗，装作神秘的样子对她说："其实秘诀很简单的，你想知道吗？"

"想啊，我好想知道的！"

"成功的秘诀就是，比别人多一点付出。"

"听起来容易，做起来难啊！"叶可心小声说。

"是啊，别人玩耍的时候，我还在训练，比她们训练得刻苦，训练时间也比她们更长，这样的话，想不成功都难。"

哇，原来成功的秘诀这么简单，我们也学到了，那么，你打算去实践吗？只要多付出一点就行了！

多一点点的名人：

鲁迅：十分聪颖好学，从小在自己的书桌上刻下一个"早"字，决意早起不迟到。他也说过，自己是把别人喝咖啡的时间用在了写作上。

爱迪生：只上过三个月的小学，从小对新奇事物有着浓厚的兴趣，总要亲自实践，一生扎在实验室里，失败了1000多次，才改良了灯泡。

 多一点点顺口溜：

 晚上早睡一点点；

早晨早起一点点；

 课上多记一点点；

课下少玩一点点；

 功课早完成一点点；

回家多复习一点点。

我的愿望是……

● 我知道什么是劳动：劳动是世界上一切欢乐和一切美好事情的源泉。

——［苏］高尔基

班会上，柳老师让每个人说出自己未来的职业愿望，同学们踊跃地举起了小手。

"我的愿望是当一名科学家！"

"我要当一名医生！"

"我要当一名宇航员，能飞上天！"

大家都说得不亦乐乎。

轮到莫小美了，她站起来，怯怯地说："我，我的愿望是做一名工人。"

话音刚落，班里就炸开了锅。

"竟然还有愿意当工人的？"

"是啊，真是不可思议！"

柳老师问莫小美:"能说说理由吗?"

莫小美红了脸,说:"我妈妈就是一名女工,我每次看到妈妈工作,都非常认真,觉得妈妈好美,所以,我长大了也想当一名女工。"

"原来是这样!"大家都恍然大悟。

柳老师赞叹说:"我觉得小美的愿望很可贵,我们一定要记住,职业没有高低贵贱之分。"

你有没有因为职业不同高看或者低看过某个人?其实,我们生来是平等的,无论做什么工作,也都是平等的。所以,我们要尊重每一位劳动者。

小调查:

1. 你的职业理想是什么呢?(   )

A.科学家　　　　　B.医生　　　C.教师　　D.艺术家

E.政府工作人员　　F.公司职员　G.农民　　H.工人

2. 你觉得工作有高低贵贱之分吗?(   )

A.有　　B.没有　　C.无所谓

3. 如果你看到一位普通劳动者,会尊敬他吗?(   )

A.会　　B.不会　　C.看心情

做完调查后,你对自己有一个明确的职业愿望了吗?

钱包空和脑袋空

● 钱财如粪土,仁义值千金。

——(明)《增广贤文》

"哎,这个月的零用钱又花完了。"叶可心对丁晓薇说。

"你每个月零用钱是多少?"丁晓薇忍不住好奇地问。

"200元。"

"你的零用钱这么多啊!"丁晓薇忍不住羡慕起来。

"但是都花完了。没有钱的日子好难过。"叶可心很沮丧。

"其实,我觉得钱很容易花完,是靠不住的,很多东西都比金钱重要啊!"丁晓薇说。

"什么比金钱重要呢?"

"比如说知识、快乐、朋友,我觉得都比金钱重要,因为这些都是金钱买不到的。"

叶可心忽然明白了,她再也不为金钱的事情烦恼了:"好吧,我以后要控制自己的开支,也要珍惜金钱买不到的一切,这样我就会成为一个富有的人!"

拥有正确的金钱观,是多么重要的一件事。我们要正确地看待金钱,合理地利用它,不为拥有很多财富沾沾自喜,也不为失去财富而懊恼,这样,你就变得成熟了。

正确的金钱观:

1. 金钱是我们现代生活中很重要的必需品和工具,没有它生活寸步难行。

2. 金钱不是我们生活的全部意义,它只是我们生活的一部分。

3. 金钱来之不易,需要劳动来获取,没有"不劳而获"的金钱。

4. 我们花钱要有计划,不可盲目、冲动花钱,要做金钱的主人,而不是金钱的奴隶。

原来我不穷

● 人生中最美好的东西是不要钱的。
　　　　　——〔美〕克利福德·奥德茨

"胡小意,这个周末我要去你家家访哟。"班主任柳老师对胡小意说。

胡小意的心一下子提到了嗓子眼,她迟疑了一下,对柳老师说:"柳老师,可不可以不去呢?"

当然,家访肯定是要去的,当柳老师来到胡小意家的时候,她才知道胡小意为什么不想让她去。

胡小意一家人住在十分破旧的老房子里,屋里都是陈旧的摆设,胡小意站在柳老师旁边,觉得很不好意思。

"你是不是觉得家里穷,所以不想让我来呢?"柳老师直接问胡小意。

胡小意不好意思地点了

点头。

"其实，依我看，你有无价之宝呢！"柳老师故意夸张地说。

"什么？"胡小意觉得有点难以置信。

"你拥有健康、父母的爱，还有家庭的和谐，这些都是钱买不到的。"

胡小意觉得柳老师说得对，忽然间，她觉得自己那么富有。

仔细想想，我们每个人都拥有很多很多金钱买不来的东西，所以我们都很富有，好好珍惜我们所拥有的吧！

★ 我拥有什么？

清晨的雾霭，傍晚的霞光

每天美好的时光

无与伦比的健康

爸爸妈妈的爱

温馨的家庭时光

学校里的好朋友、好老师

课本散发的芳香

每天升起的太阳

哇，

原来我如此富有！

真正的朋友

● 真实的理智的友谊，是人生最美好的无价之宝。
　　　　　　　　　　　——［苏］高尔基

有一次，柳老师讲起管仲和鲍叔牙的故事："他们是很好的朋友，两个人曾经合伙做生意。分利的时候，管仲总要多拿一些。别人都为鲍叔牙鸣不平，鲍叔牙总是说'管仲不是贪财，而是家里穷啊！'"

听到这里，同学们都发出一阵惊叹声，叶可心忍不住站起来："柳老师，鲍叔牙为什么对管仲这么好呢？"

柳老师语重心长地说："其实对我们来说，金钱不算什么，朋友之间的友谊才是长久的，鲍叔牙以后也帮过管仲很多忙，而管仲也没有让鲍叔牙失望，用他的才华辅佐齐桓公，使之成为春秋五霸之首。"

"哇，真的好棒啊！"

"他们是一对真正的朋友！"

听完这个故事，同学们都受益匪浅，觉得给自己上了很好的一课。

你有没有觉得受益匪浅呢？朋友是我们人生中最大的财富。所以，一定要尽心尽力地去爱你的朋友，浇灌你们的友谊之花呀！

好朋友守则：

● 1. 对方是我的好朋友，无论我们之间发生多大的矛盾，事后马上和好。

● 2. 不允许有任何伤害朋友的倾向。

● 3. 开心的时候，和朋友一起分享快乐。

● 4. 悲伤的时候，向朋友寻求安慰。

● 5. 和朋友有金钱上的冲突时，看淡金钱，看重友情。

攒钱是为了……

- 金钱不是做奴隶就是做主人,二者必一,别无其他。
  ——[罗马]贺拉斯

不知不觉,叶可心已经攒下了一大笔零花钱。"我很快就能攒够钱买一个平板电脑啦!"叶可心高兴地想。

终于,她攒够了钱,马上去买了一个平板电脑。

看到新买的平板电脑,叶可心觉得自己好像没有那么高兴,她又想要童话书了。

"我要继续攒钱,很快就能买一套童话书啦!"

叶可心又开始为新的愿望而努力。当她买到童话书的时候,她又开始想买小提琴、新裙子……

就这样她总是有新的愿望,总觉得金钱没有给她带来快乐。

直到有一天,当她得知某地发生了地震,觉得自己应该为灾区做点什么。当她填好汇款单的那一霎,一下子明白了金钱真正的意义。

是啊,我们不能让金钱牵着鼻子走,成为金钱的奴隶,而是要正确对待它,做它的主人,把它善加利用,你们说对吗?

★ 我的金钱观:

1. 金钱不是万能的,它只是一种交换工具而已。

2. 拥有金钱的目的不是把它急匆匆地花出去,而是为了把它用到最合适的地方。

3. 合理地有计划地攒钱,并且合理地有计划地花钱。

4. 我享受攒每一分钱的过程,也享受花每一分钱的过程。

阳光大伯

● 生活，就应当努力使之美好起来。
　　　　　　　　——［俄］列夫·托尔斯泰

"大伯，我要一瓶雪碧。"一放学，叶可心就跑到学校门口的便利店。

大伯答应了一声，艰难地挪动着不利索的腿脚，帮她拿了一瓶雪碧。

大伯的腿脚不太好，他独自经营着这家小店，听说他的家人都不在了。

"给你雪碧。"大伯乐呵呵地把雪碧递给了叶可心,"还有这个。"同时,他又递给叶可心一根棒棒糖。

"谢谢大伯!"叶可心高兴地连声道谢。大伯也眉开眼笑。

接过糖,叶可心又像想到了什么似的,问:"大伯,您为什么每天都这么开心呢?"

大伯笑了笑:"我觉得生活很美好,为什么不开心呢?"

看到叶可心疑惑的表情,大伯继续说:"我觉得生活是公平的,你对它好一点,它就对你好一点。现在我各方面都很好,所以觉得很满足。"

原来是这样,其实,生活就像一面镜子,你哭它就哭,你笑它就笑。只要想明白这一点,就会发现,生活中每天都充满阳光!

● **当我遭遇坎坷时,我会_____**

A. 慨叹命运不公。

B. 消极沉沦,自暴自弃。

C. 乐观积极面对。

每个人的态度都会不同,你会选择哪个呢?

完美的秘诀

● 永远以积极乐观的心态去拓展自己和身外的世界。
——曾宪梓

叶可心最喜欢林阿姨。林阿姨特别爱笑，笑起来特别优雅大方。她都四十多岁了，但看起来还很年轻。

有一次，叶可心忍不住对林阿姨说："林阿姨，您太完美了，我好想成为您这样的人呢！"

"是吗？"林阿姨笑着说，"其实，只要有个好的心态，人就会变得完美起来！"

"好的心态？"

"对啊，遇见事情的时候，积极乐观地面对，就像我以前单位效益不好，下了岗，我就自己批发了东西，去街上卖，日子也慢慢地变好了。没有过不去的坎儿，只要你放宽心。"

原来做一个快乐的人这么简单，只要有一个乐观积极的心态就可以了。那么，你还犹豫什么，赶紧调整好自己的心态吧！

一步步帮你建立良好心态：

1. 列举生命中美好的事物。

2. 列举最近你听到的最贴心的一句话。

3. 列举让你感恩的一件事。

4. 对周围的人说我喜欢你，看看能收到什么回复？

5. 给明天的自己写一封信，告诉她自己现在一切安好，正在朝着梦想前进。

可心的日记本

● 莫把烦恼放心上，免得白了少年头。

——[英]狄更斯

叶可心总是喜欢把自己的烦心事记在日记本上。

有一天，她打开自己的日记本，发现上面记着好多好多的烦心事。

"6月5日，新裙子上沾了一块油渍，怎么也洗不下去，好烦呢！"

"7月1日，这次的考试考得不太好，心里很难过。"

"7月4日，第一次做饭，却把饭做煳了，运气真坏啊！"

看着自己的日记本，叶可心又想起了很多烦心事。她感觉，自己把烦心事记下来，就相当于记在心里，每次看日记，就又重新烦恼了一次。

她决定把日记本烧了，她想放下烦恼，笑对生活。

当火苗点燃的时候，她有一种释放的感觉。

你有没有跟叶可心一样的感觉，背负着重担，背负着过去的烦恼呢？其实这些完全都可以丢掉，让我们丢掉过去的烦恼，轻松地过好现在的生活吧！

丢掉烦恼的方法

● 1. 不去想过去的烦恼，假装忘掉。

● 2. 多想一些开心的事，转移一下自己的注意力。

● 3. 去户外运动，出一身汗，运动有利于情绪的平复。

● 4. 向好朋友吐露心事，说出来，你会发现自己也得到了释放。

● 5. 把烦恼写到纸上，叠成飞机丢掉。

开心果的烦恼

● 真正的快乐是内在的，它只有在人类的心灵里才能发现。

——[德]布雷默

许梦洁是班上的开心果，她爱说爱笑。同学们有了烦恼，都喜欢找她倾诉，她似乎永远也没有烦心事。大家都叫她"开心果"。

可是有一天，她却愁眉苦脸的。同桌胡小意问她："发生什么事了吗？"

"哎呀，真是烦，我的钱包丢了，里面有好多东西呢！"许梦洁列举她钱包里有的，"积攒的好多一元硬币，生日卡片，小熊维尼的头像……"

"可是，你再沮丧也没有用了，不如放下这个包袱，开心地生活。"胡小意忍不住对叶可心说。

"也是，开心不开心都是度过一天，我为什么一直让自己懊恼呢？"想到这里，许梦洁没有那么烦恼了。

你有过这种情况吗？由于某件事情，让自己陷入懊恼之中，其实没必要，让自己开心是智慧的事，我们要完成好这门功课！

心情愉悦好处多多：

1. 让你保持健康积极的心态；

2. 有利于身体分泌好的激素，有利于身体的健康；

3. 消除紧张感和疲劳，提高学习效率；

4. 你的人缘会大大地改善，大家都愿意跟笑口常开的人交朋友；

5. 乐观面对环境，面对现实，你会发现拐角处就有转机。

小小的愿望

● 有愿望才会幸福。

——［德］席勒

放学了,叶可心和莫小美一起回家。可心发现,莫小美总是捡地上的垃圾,然后丢进垃圾桶。

"为什么要捡垃圾呢?不是有环卫工人吗?"叶可心不理解地问道。

"你不懂,这种给自己设定一个小小的目标,然后去完成的过程很幸福,很有成就感。"莫小美开心地说着,又丢进去一个废纸盒。

"有这么幸福吗?"

"真的!"

莫小美认真地说,"我给自己规定,看到一件垃圾就丢进垃圾桶。这样,我每次完成愿望,就会很开心。"

"生活中的幸福感是不是就是这样积累的呢?"叶可心很聪明,很快联想到生活,她也想体会一下——小小愿望达成的幸福。

写一张毛笔字,画一幅画,弹一段琴,看一会儿书,这些都可以变成小小的愿望,你愿意享受这种愿望达成的幸福吗?

定目标几项注意:

1. 选择比较容易完成的目标,不要给自己定下特别难、特别大的目标。

2. 定目标的时候注意阶段性,比如说今天完成多少,明天完成多少,这样每天都能达成目标。

3. 每当自己完成一项目标的时候,奖励一下自己,比如夸奖自己一句,或者奖励自己吃点好吃的,等等。

长此以往,你会发现不仅每天都达成目标,而且每天都过得充实又快乐!

第 3 章

七色彩虹桥

效率很重要!

- 工作中最重要的提高效率。
  ——［英］约·艾迪生

自习课上,叶可心正在为一道难题苦苦思索,丁晓薇看到了,忍不住跟叶可心说:"如果做不出来,可以看看提示,这样可以节省时间,提高效率。"

"做不出来,总觉得心里不舒服。"叶可心的拧劲儿上来了。

自习课结束的时候,丁晓薇问:"那道题做出来了吗?"

叶可心摇摇头。

"还是先放一放,以后再做吧。我这节课已经做了一套数学卷子,背了十个英语单词了!"

"不,我一定要做出来!"叶可心的

拧劲儿又上来了。

第二天一来,她高兴地对丁晓薇说:"我终于做出来了!"不过,她的高兴劲儿没持续多久,因为老师留的一大堆作业都还没做呢!

你有过这种情况吗?对我们来说,时间很宝贵,如何在规定的时间内做最有效的事情,真的很值得我们去思索,去学习呢!

● 1.了解自己精力最充沛的时间,选择在这个时间攻克最难的功课。

● 2.列好学习计划,每天严格按照学习计划来做。

● 3.学会高效地利用零碎时间,用来读一点东西或者学习一点小知识,而不是做白日梦。

● 4.学会劳逸结合,繁忙的学习中可以抽出一点时间来放松,但是要注意适度。

不要再后悔啦!

●如果错过了太阳时你流了泪,那么你也要错过群星了。

——[印度]泰戈尔

周末,叶可心和丁晓薇出去玩,"我中午想吃肯德基!"叶可心大声说。

但是当她们吃完肯德基之后,可心却后悔了,说:"好像必胜客更好吃一点呢。"

两个人一起逛书店,叶可心一下子看中了一套《哈利·波特全集》。

当她付完款的一刹那,叶可心又后悔了,说:"我又想买《皮皮鲁全集》了。"

"哎呀,不要后悔啦,后悔也没有用了!"丁晓薇劝叶可心。

"可是——"

"你想想,如果你选择了《皮皮鲁全集》,你会觉得《哈利·波特全集》比较好,既然做了决定,就不要后悔。"丁晓薇认真地劝叶可心。

好像是这个道理,叶可心也开始尝试着不去想后悔的事。

你有没有过后悔的感觉？其实，我们何必为打翻的牛奶哭泣呢，既然打翻了，那就不用管它了，下次注意就是了！

相关名言：

由于软弱才能做的事情，倘若在做了之后还感到懊悔，那便是更加软弱。

——［英］雪莱

小笑话：后悔

"事到如今我真后悔当初没听我妈的话。"

"你妈说什么了？"

"不是跟你说了我没听嘛！"

我也要加油!

● 与其临渊羡鱼,不如退而结网。
　　　　　　——(西汉)司马迁《史记》

丁晓薇去看叶可心的棒球比赛,被她的技术所吸引。她回到家里,总是不停地跟妈妈提起叶可心打棒球的事。

"她的技术好棒呀!"

"她的身体非常敏捷!"

"她的力量好大!"

……

"你是不是觉得叶可心非常棒?"妈妈停下手里的活儿,问丁晓薇。

丁晓薇点点头。

"那你也

可以参加棒球队,练习棒球啊!"妈妈提醒丁晓薇。

妈妈一句话点醒了丁晓薇。是啊,与其羡慕别人,还不如自己也努力!

在妈妈的鼓励下,丁晓薇也报名了棒球训练班,她决定自己好好努力,再也不用去羡慕别人啦!

是啊,生活中,我们常常羡慕别人,却忘了自己去努力,如果把羡慕别人的时间用来提高自己,那么,自己早就成功了!

你结好自己的网了吗?

1. 不再羡慕别人,为别人鼓掌的同时,也要为自己鼓劲。

2. 选好自己的目标和兴趣点。

3. 朝着目标努力。定下计划,每天完成多少,一个月总结一次。

4. 如果中间遇到挫折,不要放弃,一定要坚持再坚持一点点,也许就成功了!

争取来的机会

● 一个明智的人总是抓住机遇，把它变成美好的未来。
　　　　　　　　　　　　　——［英］托·富勒

"学校里要举办一次朗诵比赛，想要参加的同学可以来我这里报名。"下课的时候，柳老师对同学们说。

这下子班里炸开了锅，几个文艺活跃分子都跃跃欲试。

许梦洁对胡小意说："我听你朗诵得特别好，报名参加吧。"

胡小意心里也痒痒的，她一直都对朗诵很感兴趣，但是她在班里那么不起眼，老师会同意吗？

"我觉得你没问题，机会是要自己争取的。"许梦洁不经意

的这句话打动了胡小意。

她终于鼓足勇气,找柳老师报了名,然后把所有的业余时间都用来练习朗诵。

比赛那天,她发挥得非常好,竟然得了个第一名!这下子胡小意成了班里的小名人,大家纷纷对她竖起大拇指。

好多时候,机会不会掉在我们的头上,是需要我们自己去争取的。当机会来的时候,我们不要错过,要伸出手,牢牢抓住,不管成功还是失败,尝试的过程才是最宝贵的!

小故事:毛遂自荐

平原君打算带二十个德才兼备的人跟他去楚国,挑来挑去只有十九个人。这时候一个叫毛遂的人出来推荐自己,平原君看他平时默默无闻,对他有点不信任,但还是让他去了。没想到,在楚国,毛遂表现得十分突出,立下了大功。

原来运动这么棒!

● 生命在于运动。

——[法]伏尔泰

许梦洁最讨厌的就是上体育课,她最讨厌运动。

"哎呀,我肚子疼。"

"哎哟,我头晕。"

她总是有理由,不上体育课。

由于锻炼少,她的身体很虚弱,经常生病。

有一次得了重感冒,请了好几天假。

等她回来上学的时候,胡小意劝她说:"你三天两头感冒,要加强锻炼呀!"

"可是锻炼好无聊啊!"许梦洁皱着眉头说。

"可以选择你感兴趣的方式啊,不光是跑步,还有打羽毛球、打乒乓球、游泳什么的。"叶可心提议,"这周六,我们有一个羽毛球赛,你也来参加吧。"

周六的时候,许梦洁来到羽毛球赛场,参加了比赛,尽管成绩不怎么样,但是她在打球的时候,感觉四肢十分舒展,神清气爽。

原来运动这么棒啊,许梦洁决定,以后多运动,多锻炼身体。

运动还有很多你想象不到的好处呢,可以提高身体素质,可以让心情愉悦,还可以提高学习效率呢!怎么样,一起来运动吧!

运动小常识:

1. 进餐后不宜运动;
2. 剧烈运动时和运动后不能大量喝水;
3. 运动前一定要选好地点,选择开阔、空气新鲜的地方,比如体育场、公园等地;
4. 运动后要及时补充能量和营养。

小笑话:运动会

哥哥带着弟弟去参加学校的运动会。当接力赛开始时,弟弟问:"前面那个人为什么跑得那么快?"

哥哥答道:"当然要快跑啦,你没看见后面那个人正拿棍子追着要打他吗?"

钓鱼的故事

● 机遇从不光顾没有准备的头脑。
——［法］居里夫人

假期里，叶可心和爸爸、妈妈、叔叔、阿姨去钓鱼。爸爸妈妈准备了好多好多的鱼饵、鱼篓，叔叔阿姨只拿了鱼竿和鱼饵。

妈妈对阿姨说："我给你一个小鱼篓吧，早做准备比较好。"

阿姨摇摇头："我们每次来，都是空空而回，就是钓钓鱼好了，当娱乐了。"

没想到这次钓鱼，他们的运气非常好，遇上了丰富的鱼群，几乎鱼饵都来不及装，那些大鱼小鱼就一条接一条地被甩上岸。

叔叔阿姨只

好眼睁睁地看着爸爸妈妈的鱼篓装满了鱼。

回家的路上,妈妈对叶可心说:"有准备总比没准备好,你看到了吗?"

是啊,机会也许就在前方不远处。但是,你准备好了吗?如果没有做好准备,那么机会就会白白溜走。

小测试:你准备好了吗?

1. 我做一件事的时候,总是事先把该想到的都想到,然后竭尽全力地去做。(□是 □否)

2. 我对一件事情感兴趣,就努力去做,不去想会取得什么结果。(□是 □否)

3. 我觉得结果重要,但是过程也很重要。(□是 □否)

4. 我从来都不怕努力太晚或太早,我觉得无论什么时候,都要努力。(□是 □否)

5. 过去的事情不会影响我对将来的态度,我努力踏实地过每一天,不留任何遗憾。(□是 □否)

如果你选择了3个以上的"是",那么,你准备得不错;如果你有4个以上的"是",那么,你准备得很好、很棒,继续加油!

爬山没有那么难!

- 世上无难事,只要肯登攀。
  ——毛泽东《水调歌头·重上井冈山》

许梦洁和爸爸妈妈一起去登山,这座山非常高,直入云霄。

看到那么高的山,许梦洁觉得双腿发抖,她对妈妈说:"我在山下等你们吧!"

妈妈鼓励许梦洁:"只要你愿意爬,总会爬上去的,其实没有那么难。"

"是真的吗?可是我看山那么高,好可怕呢!"

"当然了,世上本来就没有什么难事嘛,就看你愿不愿意做了。"妈妈微笑着摸了摸许梦洁的头。

在妈妈的鼓励下,许梦洁鼓足勇气和爸爸妈妈一起爬山。

爬的时候，有好几次都坚持不下去了，许梦洁就停下来歇会儿，然后再继续往上爬。就这样，慢慢地，许梦洁竟然和爸爸妈妈一起爬上了高山！

站在山顶上往下看，许梦洁觉得，什么事都没有自己想象的那么难！

有时候，我们还没有做一件事，就被它吓住了，其实它没什么可怕的，只要努力，就能完成得很好！

打败恐惧的好方法

1. 从心理上蔑视困难，觉得它没什么了不起；

2. 从战术上重视困难，采用最科学的方法，中途遇到麻烦，尽量克服；

3. 寻求周围人的鼓励和支持，他们的温暖会支持你走下去；

4. 不断用成功人士的事例鼓励自己，让自己能一直坚持走下去。

天才是这样炼成的

● 天才是1%的天分加上99%的汗水得来的。
—— [美] 爱迪生

叶可心的表哥,是学校里一等一的优等生。

家里人都为有这么一个优等生而自豪,周围的人也都常常称赞他是天才。

叶可心也这么认为,直到有一个假期,她去表哥家玩,发现表哥还在伏案苦读。

"表哥,一起打电动游戏吧。"叶可心对表哥说。

"我得把这套卷子做完,你先自己玩吧。"表哥抱歉地说。

"哎呀,这孩子,他只要在家,就总是在看

书学习，让他玩一会儿他也不肯。"姨妈有些无奈地说。

叶可心发现，天才原来也要努力的。

"那我和你一起看书吧！"叶可心开始和表哥一起看书。

原来天才是这么炼成的啊！其实，只要努力，你、我、他都可能成为天才。你说，是不是？

学习英语小妙招

1. **激情**。学习英语的时候，把它当成自己的爱好，这样才会有激情。

2. **信心**。对自己有信心，相信自己能学好英语。

3. **表达**。不光要会读会背，更重要的是会说，多参加英语角，多练习口语。

4. **看电影**。看英文电影既能休闲，又提高英语水平。多关注电影里面的英文字幕和发音。

什么是成功呢?

● 无论何事,只要对它有无限的热情你就能取得成功。
　　　　　——〔美〕查尔斯·M.施瓦布

叶可心对丁晓薇说:"我长大了想做一个成功人士!"

"可是,什么是成功呢?"丁晓薇问。

叶可心愣住了,她还从来没有想过这个问题呢。于是她去问了很多人。

妈妈说:"成功就是做一个好妈妈,每天给自己的家人做香喷喷的饭菜。"

羽毛球教练说:"成功就是训练出好多好多的优秀运动员。"

柳老师说:"成功就是培养出品学兼优的好学生。"

隔壁刘太太说:"成功就是做一个温柔体贴的妻子。"

……

哇，每个人都有不同的说法，可是，到底什么是成功呢？

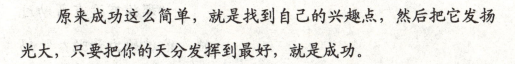

还是丁晓薇比较聪明，她仔细研究了一下叶可心采访回来的各种答案，恍然大悟："他们每个人的答案都是做自己最感兴趣的事情，然后尽力把它做好。"

原来成功这么简单，就是找到自己的兴趣点，然后把它发扬光大，只要把你的天分发挥到最好，就是成功。

好心态助你成功：

1. 相信自己是最棒的；

2. 找出适合自己做的事，然后努力去做，做的时候不考虑后果；

3. 就算失败了也没关系，就当是个锻炼；

4. 对自己所做的事始终保持热情。

我和我最好的朋友

● 要结识朋友，自己得先是个朋友。
——［美］哈伯德

叶可心最好的朋友是丁晓薇，她也总这么说。

有一次，妈妈问："你为什么觉得丁晓薇是你最好的朋友呢？"

叶可心歪头想了想，对妈妈说："因为她总是帮助我，关键时候给我力量。"

"那你有没有帮助过她，给过她力量呢？"妈妈问。

"这个，好像比较少吧。"叶可心实话实说。

"真正的好朋友不光要接受爱，更要奉献爱，让她也感觉到你的温暖。结交朋友，自

己要先付出。"妈妈对叶可心说。

叶可心觉得妈妈说得对,她试着在这段友情中多付出,多奉献,因为,友情的花需要爱心来浇灌。

你是如何呵护你的友谊的?友谊的花朵一定要精心呵护,按时灌溉,有了爱的滋润,花朵才能开得美丽!

如何呵护友情:

● 1. 互相信任,呵护对方;

● 2. 在友谊中试着多付出,你付出得越多,自己得到的回报也越多;

● 3. 坦诚地交流,能消除一切误会;

● 4. 没事的时候多联系,多交流,友谊也需要好好呵护,感情是需要培养的;

● 5. 把朋友当成生命中最重要的人之一,你看重她,她也会同样看重你。

有气质的秘密

● 书籍是全世界的营养品。

——[英]莎士比亚

班里组织了一个"最有气质的同学"评比,叶可心以最高票名列榜首。

领奖的时候,主持人让叶可心发言:"说说你的气质是怎么培养的?"

叶可心想了想,说:"可能跟我爱看书有关吧。"

底下的丁晓薇大声说:"我可以作证,她家有好多好多的书呢!"

的确,叶可心家里有许多藏书。她特别爱看书,而且喜欢细细地品味,当她静静地读书的时候,会觉得一股清泉从心底流过。

"哇，那我们以后也要多读书。"同学们互相勉励着。

原来这就是拥有好气质的秘密，书里面真的有一座宝库，等着你去发掘。当你发掘出来的时候，你会发现自己的生活发生了很大的改变，自己的气质也随之发生很大的改变。

★ **正确的阅读有益身心：**

1. 把阅读当作一件快乐的事情去做，而不是一项任务；
2. 阅读的时候，不要只追求速度，更要追求质量；
3. 精读和略读同时进行，有的书适合精读，有的书适合略读，要有所取舍；
4. 做好阅读笔记，把有用的句子记下来，以备以后使用。

相关名言：

一个爱书的人，他必定不至于缺少一个忠实的朋友，一个良好的老师，一个可爱的伴侣，一个温情的安慰者。

——［英］伊萨克·巴罗

新裙子弄脏之后……

● 紫罗兰把它的香气留在那踩扁了它的脚踝上。这就是宽恕。

——[美]马克·吐温

叶可心今天穿了一条新裙子。

她刚到学校，就被好多女同学围住了，大家纷纷称赞新裙子漂亮，胡小意说："我也想要这么漂亮的裙子呢。"

胡小意说着话，不小心把桌上的水瓶碰倒了，水都流出来，洒到了叶可心的新裙子上，新裙子给弄脏了。

叶可心心疼坏了，这可是第一次穿啊！

胡小意赶紧道歉："对不起，我是无意的，你拿过来我给你洗吧。"

叶可心很想发火，但是她想，发火也没有用，宽容也是一种美德。于是她微笑着对胡小意说："没关系，我自己洗就行了。"

一句温柔的话语化解了一场干戈。

生活中，难免会遇到难以原谅的人或事。这时候，一定要学会宽容，用爱心化解干戈，宽容的女孩最美！

★ 什么是宽容?

宽容是原谅别人的过错;

宽容是给别人反省改过的机会;

宽容是把自己的心打开,

把阳光接进来;

宽容是让别人自由,

更是让自己的心灵自由;

宽容是新视角,

用全新的眼光看问题,

发现短处,

去改正它;

宽容是善待别人,更是善待自己。

爱是花蜜

- 爱是美德的种子。

——［意大利］但丁

六一儿童节，叶可心跟妈妈去福利院，在那里看到了很多孤儿。

福利院有一位阿姨，据说她已经在这里工作十几年了。每天和这些孩子在一起，不会觉得难过吗？

叶可心找准机会，问阿姨："阿姨，您觉得在这里工作怎么样？"

阿姨想了想："我觉得很好，用自己的爱心去爱这些孩子，很有意义。"

"可是坚持这么多年，也需要勇气吧？"

阿姨摇摇头，说："我已经把这些孩子当成自己的孩子，当你像爱自己那样去爱别人的时候，你会收获得更多。"

"原来是这样啊！"叶可心似乎明白了什么，她下定决心，以后要经常来这里奉献爱心。

如果说人生是一朵花，爱就是花中的蜜，爱是世界上最美好的语言，也是最珍贵的情感，让我们努力地去爱，只要人人献出一点爱，世界将变成美好的人间！

 爱人如己的典范：

特蕾莎修女

她是著名的天主教慈善工作者，从12岁到87岁去世，从来不为自己，只为受苦受难的人活着，一切都献给了穷人、病人、孤儿、孤独者、无家可归者和垂死临终者，1979年获得诺贝尔和平奖。

相关格言：

被人爱和爱别人是同样的幸福，而且一旦得到它，就够受用一辈子。

——［俄］列夫·托尔斯泰

我不要和别人比!

● 爱是不嫉妒。

——《圣经》

胡小意总是不自觉地拿自己和别人比较。

"我长得没有丁晓薇漂亮。"

"我没有叶可心跑得快。"

"莫小美学习比我好。"

……

"为什么总是和别人比较呢?"有一天,许梦洁忍不住问她。

这句话把胡小意问愣了。

"每个人都是独一无二的存在,是无可替代的。"

"我——"胡小意忍不住说,"我

的学习、体育、家境等都不是最好的……"

"但是你很有亲和力啊！这是你独特的优点。"许梦洁真诚地说。

胡小意终于明白了，和别人比来比去一点用都没有，反而给自己增加烦恼，她决心再也不和别人比较啦！

我们都要向许梦洁学习，不要和别人比来比去，因为，我们每个人都是最特别的存在。

不比较的几大理由：

● 1. 简单地拿自己的长处和别人的短处比，容易盲目骄傲。

● 2. 简单地拿自己的短处和别人的长处比，会变得自卑。

● 3. 每个人都是独特的存在，都有自己的闪光点。

● 4. 与别人比较会把目光注视到别人身上，忘了自己的独特之处。

妈妈，谢谢您！

● 世界上的一切光荣和骄傲，都来自母亲。

——［苏］高尔基

早晨起来，妈妈给叶可心端上了香喷喷的米粥和包子。叶可心最爱喝米粥了，她端起碗来，喝了一大口。

她觉得这粥的味道有点不对，有点焦煳的味道。

妈妈有点抱歉地说："这粥我熬的时间有点长了……"

"我不想喝了。"叶可心把碗放在桌上，抬头看到了妈妈头上的白发和愧疚的表情。

她想到妈妈每天晚睡早起，不仅要辛苦工作，还要照顾自己。

妈妈把碗端起来，说："再熬来不及了，我出去给你买油条豆浆。"

叶可心一下子拦住了妈妈的手:"妈妈,我觉得很好喝,谢谢您。"

"好孩子。"妈妈说着把碗放下,眼睛中闪过惊喜的光芒,这一道光,被叶可心发现了。

母爱是世界上最伟大的爱,如同春天温暖的阳光,照耀着我们,也像婆娑的大树,庇护着我们。让我们用小小的爱,来回报母亲吧!

 我们能为妈妈做的:

1. 为妈妈捶背;
2. 为妈妈端上一盆洗脚水,给妈妈洗脚;
3. 对妈妈说一声"辛苦了!谢谢您";
4. 和妈妈说话时温和耐心;
5. 用积攒的零用钱为妈妈买一件小礼物;
……

其实,妈妈不需要我们为她做很多,只要我们体谅她,关心她,理解她,这就够了!

人多力量大

● 一个篱笆三个桩,一个好汉三个帮。
——民间谚语

"我们要和二班举行辩论赛了!"经过小喇叭叶可心的宣扬,全班同学很快都知道了这个消息。

许梦洁和其他几名同学被选中参加辩论赛。

当许梦洁正在为辩论赛的事情冥思苦想时,她接到了一封电子邮件,上面写着:"我想到了一些方案,希望能帮到你们。"电子邮件没有落款。

电子邮件上列了很多辩论赛的论据,特别有用。

接下来的几天里,许梦洁接到好几封这样的电子邮件,来自不同的人,对辩论赛提出了不同的意见。

许梦洁和队友们把这些意见综合起来,积极备战辩论赛。

辩论的时候,许梦洁和队友们顺利地击败了二班,取得了胜利。

班会上,许梦洁深情说道:"谢谢同学们给我们的帮助,众人拾柴火焰高,这话真没错!"

是啊,"三个臭皮匠,赛过诸葛亮",不要小瞧每一个人的力量,如果每一滴水的力量汇聚起来,可以汇成大海呢!

● 1. 多参加集体活动,学习和同学进行协作。

● 2. 接纳别人,先从心理上接纳,才容易互相配合协作。

● 3. 培养全局观、大局观。

● 4. 团队成员要互相帮助,互相照顾,互相配合,为集体的目标而共同努力。

快乐其实很简单

● 快乐不在于事情，而在于我们自己。
　　　　　　——［德］理查德·瓦格纳

　　丁晓薇每天都有不同快乐的理由。她总是迫不及待地把自己的好心情与叶可心分享。

　　"我今天好快乐！我在上学的路上看到一只美丽的小鸟。"

　　"今天好高兴啊，妈妈给我炖排骨了！"

　　"Happy,Happy,这次语文考试又进步了！"

　　叶可心总是不理解，丁晓薇怎么会有那么多开心的事呢？

　　这天放学路上，两个人一起回家，丁晓薇不小心摔了一跤，她站起来的时候，还是很开心地说："幸好没有摔倒在马路中央！"

叶可心终于明白了，开心的人，不管遇到什么事情，总有开心的理由。

开心是一种内心的感受，不在于外界发生了什么，而是在于我们怎么想，只要你想快乐，你每天都可以过得很快乐！

名著中快乐的人

小安妮：《绿山墙的安妮》里的主人公，自幼失去父母，十一岁时被人领养，但她个性鲜明，富于幻想，而且自尊自强，凭借自己的刻苦勤奋，不但得到了领养人的喜爱，还赢得了老师和同学的尊重和友谊。

对这一条鱼有用

● 勿以善小而不为。

——（三国）刘备

暑假，叶可心和爸爸妈妈去海边玩，沙滩上有好多好多的小鱼。叶可心看到一位老爷爷把一条一条的小鱼扔回海里。

沙滩上有那么多小鱼，老爷爷得什么时候才能捡完啊？叶可心暗暗地想。

"老爷爷，这么多小鱼，您捡得过来吗？"叶可心忍不住走过去问。

"能捡多少是多少啊，最起码，对这一条鱼有用。"老爷爷说着，把手里那条鱼扔进海里。

叶可心的心也被那条鱼带走了,她似乎看到那条小鱼正在海里自由地游着。

这个故事给我们的启示就是:有行善的机会就不要错过,哪怕只是小小的一件善事。好啦,你有没有受到感动呢?如果有感动,那就从身边的小事做起吧!

★ **随手做身边的小事:**

1. 把地上的垃圾扔进垃圾桶;
2. 扶老爷爷老奶奶过马路;
3. 去福利院和养老院做义工;
4. 帮助爸爸妈妈做家务;
5. 帮助学习落后的同学辅导功课;
6. 把省吃俭用的钱捐给需要的人们。

唉，错过的洋娃娃！

● 机不可失，时不再来。
　　　　——（五代）安重荣《上石敬瑭表》

叶可心每天上学都会路过这家店，这家店的橱窗里有一个美丽的洋娃娃，叶可心十分喜欢。今天，她鼓足勇气，走进这家店，老板接待了她。

"这个洋娃娃，要多少钱？"

"这个只要50元。"

"50元，"叶可心想，"我从零花钱里节省一部分，很快就可以攒够50元。"

但是，她今天要去买这个，明天要去买那个，因此，一个月过去了，她也没有攒够那50元钱。

直到有一天，她从那家店经过，发现

那个洋娃娃不见了。

她急忙跑进店里询问,老板一脸抱歉地说:"洋娃娃已被人买走了。"老板停了一下,接着说,"我看你每天都从这里经过,应该很喜欢这个娃娃,如果你提早一步,我一定会便宜卖给你的。"

叶可心好后悔,可是后悔也没有用。

你有没有过这种经历?由于自己的懒惰或者什么原因,一直没有去做自己想做的事,要知道,机不可失,时不再来,我们一定要抓住机会,想做什么就赶紧做,否则想做也来不及了。

为了避免你的遗憾,请跟我做

1. 把自己想做的事情写下来。

2. 列举做这件事的可行性和不可行性。

3. 把这件事可能会产生的好的和坏的后果写出来,以此激励自己做下去。

4. 仔细看1、2、3点,现在,你下定决心做了吗?好,那就开始吧!

比金钱更重要的……

● 诚信才是人生最高的美德。

——[英]杰弗力·乔叟

放学回家的路上，胡小意捡到了一个钱包。她打开钱包一看，里面有一沓钞票。

"怎么办？是把这钱包归为自己所有，还是等待失主来找？"

她盘算着：一千多元钱是妈妈半个月的工资，自己半年的零用钱花销……

想到这里，胡小意忍不住攥了攥钱包，但是她还是止住了自己的贪念，心想：那个丢钱包的人现在一定很着急。于是，她决心在原地等失主。

等啊等，她终于等到了失主。当她把钱包交到失主手里时，觉得很开心，她觉得自己得到了比金钱更重要的东西。

是啊，"君子爱财，

取之有道",做人要讲诚信,我们不能因为眼前的利益,就丧失了自己做人的原则。

诚信小故事:曾子杀猪

曾子的妻子到市场上去,儿子嚷嚷着也想去,曾妻对他说:"你回去,等我回来的时候,给你杀猪吃。"曾妻从市场上回来,看到曾子正准备杀猪,连忙劝阻,曾子却说:"决不能跟小孩子说着玩,小孩子本来就不懂事,只听父母的教导,如果你骗他,就是教他骗人。"于是曾子把猪给杀了。

第 4 章

快乐万花筒

感恩的心·不要丢

● 感恩即是灵魂上的健康。

——［德］尼采

叶可心看到做大老板的爸爸毕恭毕敬地送一位工人模样的人出家门。

等爸爸回来后，叶可心好奇地问爸爸："那个人是谁啊？"

爸爸说："那是我刚做学徒时候的师父。"

叶可心不理解："您现在是大老板了，为什么还对他这么恭敬呢？"

爸爸笑着说："做人不能忘本。在我刚入行的时候，师父帮助过我很多，无论怎么样，都要心存感恩，不能忘了当初帮助你的人。"

叶可心理解了，她对爸爸说："那我以后长大了，也不能忘记帮过我的人。"

"这才是我的好女儿!"爸爸高兴地竖起了大拇指。

感恩是一种非常好的品质,无论我们身处何位,身在何方,都要怀着一颗感恩的心。感恩,让生活充满阳光,让世界充满温馨……

如何保持一颗感恩的心?

● 1. 对帮助过自己的人要感恩,适时地表达自己的谢意;

● 2. 对生活要感恩,感谢生活赐予我们衣食住行;

● 3. 对待最亲近的人要感恩,特别是爸爸妈妈,不要对他们呼来喝去,要尊敬他们,听他们的话;

● 4. 对社会要感恩,感谢社会中充满的爱和光明;

● 5. 对周围的朋友要感恩,感谢朋友陪伴在自己身边,无论自己身处顺境或逆境。

最后一名也荣耀！

● 生活就像海洋，只有意志坚强的人，才能到达彼岸。
　　　　　　　　　　　——［德］马克思

运动会上，3000米长跑决赛前，叶可心在做着最后的准备。

随着教练的一声枪响，叶可心和其他运动员们一起冲出了起跑线，一圈，两圈，三圈……叶可心一直处于领先位置。

"叶可心，加油！"

"叶可心，加油！"

看台上，给她助威的声音此起彼伏。

最后一圈了，叶可心脚下加了把劲儿。这时候，叶可心突然脚下一滑，跌了一跤。

"天哪！这可坏了！""快去抢救！"

几名同学跑了过来，打算扶叶可心，被叶可心摆手拒绝了。

她挣扎着站起来，继续向前跑去，她终于坚持跑到了终点！尽管是最后一名，但是看台上的观众给了她经久不息的掌声！

我们做事情需要坚持，需要顽强的意志，只有意志坚强的人，才有希望到达成功的终点。坚强地面对每一件事，你能做到吗？

做一名坚强的女孩

1. 遇到困难时，不要先想着哭鼻子，而是应学会积极地想解决困难的方法。

2. 当你快坚持不住的时候，告诉自己：再坚持一会儿。

3. 遇到挫折和失败时，不要怕，因为失败是成功的必经之路。

4. 当你实在忍不住想哭的时候，看看天，眼泪就不会流下来了。

诚信哪儿去了？

● 遵守诺言就像保卫你的荣誉一样。
——［法］巴尔扎克

叶可心和表姐有个约定：星期日一起去逛公园，早晨8点钟公园门口见。

星期六晚上，电闪雷鸣，下起了大雨，看着外面连成串儿的雨滴，叶可心想，明天肯定不能去了。

于是，叶可心没有定闹钟，也没有跟表姐打招呼，放心地呼呼大睡起来。

第二天早上九点，叶可心被电话吵醒了，电话里传来表姐焦急的声音："可心，你在哪儿呢？我等了你半天，你怎么也没来？"

叶可心慌忙解释，但是表姐还是很生气地挂了电话。

你有没有过这种情况？失约于人是一种很不好的行为，我们一定要说到做到,哪怕自己最后没有做到,也要提前解释一下,这样才能取得别人的理解。

★ 诚信的人必须要做到的:

1. 答应别人的事,一定要做到;

2. 如果答应别人了,自己又因意外无法做到,一定要提前通知对方;

3. 绝对不撒谎,也不欺骗别人,有什么说什么。

诚信小故事

华盛顿用斧子砍了父亲心爱的樱桃树。父亲回来之后,大发雷霆,他发誓要找到砍樱桃树的人,给他颜色看看。华盛顿在盛怒的父亲面前,坦然地承认了自己的错误,看到诚实的小华盛顿,父亲转怒为喜。

失败也是我需要的

● 失败也是我需要的，它和成功对我一样有价值。
　　　　　　　　　　　　——［美］爱迪生

作文比赛失利了，叶可心陷入了深深的悲观情绪之中。

"别难过了，放学了我们一起去书店吧！"丁晓薇对她说。

放学后，丁晓薇拉着叶可心到了书店，从书架上抽出一本获奖作文选，递给叶可心，说道："这本书特别好，你得好好看看。"

叶可心不情愿地接过书，丁晓薇看到她的表情，对她大大地做了个鬼脸："知道我为什么拉你来书店，给你推荐书吗？"

叶可心摇摇头。

"失败其实没什么。失败了,我们找出问题所在,更加努力地改进。看看这本获奖作文选,对你写作文很有好处。"

叶可心被丁晓薇的快乐情绪所感染,她想:与其在痛苦和失望中,还不如再加把劲儿,失败对我来说也是一种成长啊!

是啊,人生没有一帆风顺,有时候挫折和打击,正是让我们意识到自己的不足,然后努力改正、加油,成功就在前方了!

★ 从失败中崛起的人

蒲松龄:清代文学家。屡次考试不中,他用毕生精力写成了《聊斋志异》一书,491篇,40余万字,为后人留下了宝贵的文化遗产。

居里夫人:工作了4年,经历了无数次失败,最终从十几麻袋沥青铀矿渣中,提炼出了珍贵的0.12克镭。

★ 失败是成功的前奏

我的失败经历	我从中取得的经验和教训
1.	1.
2.	2.
3.	3.

幸福是可以分享的

● 如果你把快乐告诉一个朋友,你将得到两个快乐,而如果你把忧愁向一个朋友倾诉,你将被分掉一半忧愁。
——〔英〕培根

胡小意是个内向的女孩子,她总是喜欢把心事埋在心底。

有一次,胡小意的奶奶从外地赶过来看她,胡小意好高兴啊,她很想把这个好消息分享给同桌许梦洁,但是又不知道如何说起。

许梦洁看出胡小意想对她说什么,主动问:"你是不是有话想说啊?"

胡小意再也忍不住了,她高兴地对丁晓薇说:"我奶奶来看我了!"

许梦洁也开心起来:"我奶奶上星期也来看我了!"她忍不

住跟胡小意说了好多自己奶奶的故事，两个人聊啊聊，都觉得好开心！

经过这件事情，胡小意忽然发现，快乐和幸福是可以分享的！分享一份幸福，可以收获好几份幸福呢！

是啊，无论我们遇到快乐还是忧伤，是幸福还是痛苦，不妨跟周围的朋友分享一下。这样的话，不但快乐和幸福会翻倍，忧伤和痛苦也会减半哟！

分享的秘密：

1. 分享就是把自己拥有的心情和别人倾诉，和别人交流；

2. 分享有助于缓解自身的压力，有助于身体和心理的健康；

3. 可以分享幸福快乐，也可以分享痛苦忧伤，分享幸福快乐可以加倍，分享痛苦忧伤可以减半。

要不要说？

● 肯承认错误，则错已改了一半。

——李嘉诚

对不起，我把伞弄坏了。

没关系，这样我们透过伞直接能看到太阳了！

叶可心是数学课代表。有一天，她抱着一堆作业往班里走，不小心被石头绊倒，最上面的本子掉到了地上，地上正好有一摊水，作业本被弄脏了。

"怎么办？"叶可心看看四周没人，赶紧把本子捡起来，本子的封皮写着胡小意的名字。

"如果自己撒谎，说不知道，那么，也不会有人知道。"她心里敲起了小鼓。

但是她思前想后，还是决定把事情的经过告诉小意。

她回到班里，把弄脏的本子递给胡小意，不好意思地说："对不起，这是我弄脏的，我赔你一个新的吧。"

胡小意明白了是怎么回事后，笑着说："没关系，我的本子快用完了，正好要换个新的呢。"

事情就这么解决了，是不是很顺利呢？其实，只要我们勇于承认错误，会发现事情其实没有我们想象得那么糟，最怕的不是承认错误后的结果，而是不肯承认错误。

为何要承认错误？

1. 做人要诚实，如果不承认错误，尽管表面看起来不用承担责任，但是心里会一直愧疚；

2. 早点儿承认错误，可以早点儿弥补自己的过失，也能让损失降到最低。

3. 承认错误，可以获得他人的原谅，避免争端。

不再生气了

- 人有见识，就不轻易发怒。

——《圣经》

叶可心是个急脾气，她经常会为一点点小事生气，这一天，她又在家里生闷气。爸爸走了过来，什么也没有说，只是给了叶可心一根钉子和一把锤子。

"这是做什么？"叶可心觉得有点莫名其妙。

"以后你每次生气的时候，就把一根钉子钉到墙上。我们看看你能生多少次气。"

叶可心觉得很好玩，同意了。从此以后，她每次生气，都钉一个钉子，而叶可心也有意识地约束自己，不再随便生气。

有一天，她很高兴地去找爸爸，说自己现在很少生气了。

爸爸说："那很好啊，那你以后每次想生气又没有生气的话，就拔一颗钉子。"

叶可心想，这也不难，慢慢地，墙上的钉子越来越少，可是墙上钉子钉过的印迹还在，并且永远也没办法抹去了。

爸爸说："这些印迹就好像是你的心，虽然你不生气了，但是伤疤还在，所以无论遇到什么事情，都不要生气，不要发火，否则，受伤害的是你自己呢！"

是啊，如果我们生气，那真是得不偿失的一件事，不但对事情无益，对自己也无益，以后可不能随便生气了呢！

 我叫不生气

神奇的调查问卷

● 自信是成功的第一秘诀。

——［美］爱默生

班会上，柳老师让大家填一份小问卷，问卷上只有一个题目：我真的很棒！棒在什么地方？

同学们接到问卷之后，都不知道该怎么填。

"我哪里棒呢？"叶可心也问自己，她一向对自己没有信心，这次也不知道该怎么填。

丁晓薇对叶可心说："你很喜欢帮助人啊，我觉得这个可以写。"

胡小意回过头来说："我觉得你的笑容很甜美。"

旁边的莫小美对她说："我觉得你学习很认真，很努力。"

……

哇，一时间，好多同学都指出了叶可心的优点，叶可心都有点来不及写呢！

叶可心终于把调查问卷填完了，她高高兴兴地交上了它。

柳老师收集到所有的问卷之后，开始在讲台上念，大家发现，原来每个人都有很多很多的优点，都有很棒的地方呢！

这堂班会结束之后，同学们都觉得心里暖暖的，这种感觉好棒呀！

你有没有这种自信的感觉？每天早上醒来的时候，别忘了对自己说一句："我真的很棒！"长此以往，你会发现自己越来越棒！

这个神奇的调查问卷，你也填一下吧！

调查问卷：我真的很棒！棒在什么地方？

压力好大怎么办？

● 在科学上没有平坦的大道，只有不畏劳苦沿着陡峭山路攀登的人，才有希望达到光辉的顶点。

——［德］马克思

期末考试马上就要来了，班里的同学每天都备战复习，和时间赛跑，觉得压力很大。

班会上，柳老师问："大家有什么话想分享的？"

叶可心第一个站起来："老师，我们都觉得压力很大，快喘不上气来了。"

刚说完，班里的同学都点头称是。

柳老师笑了笑，她从兜里取出一个弹簧。

"大家看，弹簧现在没有任何压力。"柳老师说着，使劲地用手挤压弹簧,然后说:"让一名同学上来感受一下弹簧的力。"

一名男同学走上台,摸了摸弹簧,说:"弹力好大啊!"

柳老师示意那名男同学下去,然后对台下说:"没有给弹簧压力的时候,弹簧也没有释放动力,当给它压力的时候,弹簧的动力也大了起来。"

"我知道了!"叶可心恍然大悟,"压力大,动力也就大,学习应该不怕苦不怕累,只有坚持攀登,才能登上顶峰!"

是啊,有压力才会有动力。当你遇到压力的时候,应该给自己鼓把劲儿,再努力坚持一下,只有这样,才有可能登上成功的顶峰!

如何将压力转化成动力:

● 1. 转移一下注意力,可以去郊游、登山、参与体育项目;

● 2. 可以用唱歌、倾诉等方式来释放内心的情绪;

● 3. 当你觉得平静了,再把所有的身心都投入到自己的追求中,做好每一件事。

经过一次次的磨炼,你会发现自己的内心强大了很多。

小草会疼

● 只有服从大自然，才能战胜大自然。
——［英］达尔文

春天来了，叶可心带着小表妹去公园玩，小表妹东看看西看看，对一切都那么好奇。

叶可心忙着照相，忽略了小表妹。她一回头，看到小表妹正在拔一棵小草。

叶可心赶紧过去制止："别拔了，这里不让拔小草！"

表妹不听："不，我就要拔！"。

叶可心眨了眨眼睛："你不要拔了，小草是有生命的，你拔了，小草会疼的。"

"是吗？"表妹迟疑地把手松开了。

"是啊，不光是这些小草，还有那些小花啊什么的，都是有生命的，你要好好对待它们，跟它们做好朋友，不要随便拔它们了。"叶可心对小表妹说。

小表妹煞有介事地点点头："姐姐，你帮我跟小草合个影吧！"

"好啊！"叶可心举起相机，记录下了这一难忘的瞬间。

大自然是我们的好朋友，我们一定要好好爱护它，只有这样，世界才会变得更加美好，你说对吗？

保护环境，人人有责：

1. 不乱丢垃圾，把地上的垃圾捡到垃圾桶里去；
2. 不浪费一滴水；
3. 学会废物利用；
4. 在条件允许的情况下，多种树、种花、种草；
5. 能不用塑料袋就不用塑料袋。

你还知道其他保护环境的方法吗？补充在下面吧！

_____

_____

啊,又浪费时间了!

● 敢于浪费哪怕一个钟头时间的人,说明他还不懂得珍惜生命的全部价值。

——[英]达尔文

星期五晚上,爸爸妈妈去朋友家做客了,留叶可心一个人在家。

"要赶紧把作业做完呀。"爸爸叮嘱道。

"没问题!"叶可心满口答应。

爸爸妈妈出门了,叶可心的心好像断了线的风筝一样,也飞到好远好远的地方。

时间刚到7点钟,她想:还早呢,我不如看会儿电视吧。

她打开电视:"哇,有我最爱看的《海绵宝宝》!"她一下子就看入了神,不知不觉,时间悄悄地溜走了。节目结束的时候，已经8点了。

"坏了，作业要写不完了！"

她匆匆地关上电视，跑到书桌旁，刚提起笔，爸爸妈妈就回来了。

爸爸看到叶可心一个字也没写，很生气："你知不知道时间有多宝贵？今天浪费一点，明天浪费一点，那么你的有效时间会比别人少好多！"

你有过这种浪费时间的情形吗？如果有的话，一定要赶紧改正，因为时间溜走了就再也不会回来了！再后悔也没有用！

利用时间小达人

● 1. 每天给自己定一个合理的计划，把要做的事情列好。

● 2. 先集中时间把自己的任务和计划完成，其余的时间可以自由支配。

● 3. 尝试着把时间合理搭配，提高效率。

● 4. 如果不小心浪费了时间，就别再懊恼，有效率地进行下一项工作，如果懊恼的话，你又在浪费时间了！

做节俭的好孩子

● 历览前贤国与家，成由勤俭破由奢。
　　　　　　——（唐）李商隐《咏史》

<u>逛</u>街的时候，叶可心看到一条很漂亮的裙子，真的好喜欢。她拉拉妈妈的衣角，示意妈妈买下来。

妈妈摇了摇头，说："前两天不是刚给你买了一条裙子吗？你夏天的衣服够多了。"

"可是，我还是想买，这条太漂亮了！"叶可心对妈妈撒娇。

妈妈还是没有同意。

回到家，叶可心很不高兴，妈妈看出来了，走到叶可心面前，问："你知道贫困山区的小朋友一年的生活费是多少吗?"

叶可心摇摇头。

"只有几百元,如果你少买一件裙子,可以帮助一个孩子生活半年。"

"真是这样吗?"叶可心脸红了,"那我以后每年少买两件衣服,把省下的钱捐给贫困山区的小朋友吧。"

节俭是一种美德,我们一定要把钱花到最需要的地方,而不要大手大脚。让我们比比看,谁是节俭小达人好不好?

你是节俭小达人吗?请回答:

1. 平时的零用钱多不多,都用到什么地方了?

2. 你身上穿的衣服是多久前买的?平均一年买几套新衣服?

3. 文具盒、书包之类的物品坏了的话,你还会继续用吗?

4. 亲戚穿小的衣服给你,你会要吗?

5. 你看到别的同学有新玩具、新书,会嚷着让爸爸妈妈买吗?

可以和好朋友一起回答以上几个问题,看看谁是节俭小达人?

每一粒米都是宝贵的

- 一粥一饭，当思来处不易。
  ——（明末清初）朱柏庐《朱子治家格言》

叶可心在爷爷家吃午饭，把米饭扒拉了两口就放一边不吃了。爷爷对她说："不要浪费，把米饭吃完吧。"

叶可心有点不太情愿地说："就几粒米，没什么必要吧？"

爷爷语重心长地说："这些米，每一粒都是很宝贵的。你知道每粒米生产出来要经过多少道工序，流多少汗水吗？"

叶可心摇摇头。爷爷对她说："这些米要经过撒种、松土、除虫、收割、脱粒等工序后才能到市场上。"

"那么多道工序啊！"叶可心大吃一惊。

"是啊，所以有一句古诗说'谁知盘中餐，粒粒皆辛苦'。"

叶可心重新端起米饭，津津有味地吃起来，她第一次觉得米饭这么好吃。

我们今天吃的每一样东西，都是农民伯伯用勤劳的汗水换来的，所以一点也不能浪费，就让我们从现在做起，从自己做起，好吗？

一粒大米的前世今生：

1. 浸种催芽　把精选好的种子用一定温度的水浸泡催芽3天。

2. 育秧　经过浸种催芽的种子，冒出芽尖，就可撒到平整好的秧田育秧了。

3. 整地　把地整平。

4. 拔秧　把育好的秧苗拔出来，准备移栽到整理好的水稻田里。

5. 插秧　把拔好的秧移栽到水稻田里。

6. 田间管理　保持稻田的水位，还要除草、施肥、打农药。

7. 收割　水稻成熟后，要及时收割、脱粒。

8. 晒稻　稻子脱粒以后，要及时翻晒。

9. 机米　把稻子倒进碾米机里，剥掉稻子外面的皮，筛去米糠就是大米了。

下雨了,天晴了

● 永远以积极乐观的心态去拓展自己和身外的世界。
　　　　　　　　　　　　——曾宪梓

放学了,胡小意和许梦洁一起回家,天上下起了雨,胡小意很沮丧地说:"唉,我又没带伞,一定会淋透的!"

许梦洁则高兴地说:"哇,又下雨了,可以体验在雨中散步的感觉呢!"

两个人在小雨中漫步,渐渐地,天变晴了。

胡小意有点失望:"刚开始享受雨中散步的乐趣,怎么天就晴了呢?"

许梦洁则又高兴地说:"又可以享受在阳光下散步的感觉了!"

胡小意好像发现了什么:"同样一件事情,我们的感受怎么老是截然相反呢?"

许梦洁说:"看问题的角度不一样,心态也截然不同,我劝你,也多从乐观的角度看问题!"

原来,悲观和乐观的区别,就在一念之间。那么,你要不要试着从乐观的角度看问题呢?

请乐观看待以下的事情：

① 失败是成功之母。

② 这次迟到可以鞭策我以后早点起床。

③ 老师好关心我呀，我要努力改正错误。

④ 其实淋雨的感觉也别有滋味呢！

别要求那么高！

● 水至清则无鱼，人至察则无徒。
　　　　　　——（东汉）班固《汉书》

回到家里，叶可心气呼呼地坐在沙发上："我真的受不了了，丁晓薇总是把胳膊伸到我的课桌这边来！"

妈妈不禁哑然失笑："为这么点小事你就生她气啦？"

"还有还有，她说话声音太大了，不像个女孩子；她外表总是看起来有点邋遢；她上课喜欢开小差……"

妈妈听完，耐心地说："想想你都有什么缺点，晓薇可是都接纳你了呢！"

叶可心低下头，暗自想了想自己的缺点：

太懒，平常总是赖床，总是差一点迟到；

粗心，考试总是因为粗心而扣分；

口无遮拦，说话的时候不过大脑；

……

原来自己也有那么多缺点，那还有什么资格嘲笑别人呢！

"做朋友就是能够容纳对方的缺点，而不是挑剔别人。"妈妈说。

叶可心决定以后再也不挑剔丁晓薇了。

悄悄地告诉我，你有过这种情况吗？对别人不满意或者挑剔的行为可是不好的，无论朋友是什么样子，我们都要学着去接纳他（她），你说好吗？

当你发现朋友的缺点时：

1. 告诉自己，我也有缺点，人都是不完美的。

2. 试着去接纳朋友，不去在意他（她）的缺点。

3. 恰当的时候，委婉地指出朋友的缺点，帮助他（她）改正。

4. 可以和朋友组成互助小组，互相指出缺点并改正。

盲人的手电筒

● 最好的满足就是给别人以满足。
　　　　　　　　——［法］拉布吕耶尔

晚上,叶可心和妈妈从外婆家出来,她们要走过一段长长的夜路。叶可心看前面有亮光,她高兴地拽着妈妈说:"妈妈,快看,前边有亮光!"

妈妈也很高兴,她们快走几步,终于赶上了前面的亮光。

原来是一个人拿着手电筒在走路,很奇怪的是,这个人戴着墨镜。

前人栽树

叶可心拽了拽妈妈的衣服,妈妈示意她别说话,这个人感觉出了什么,他很大方地说:"没关系,我是盲人。"

"啊,盲人?"叶可心大吃一惊,"那您为什么还拿着手电筒呢?"

"这样可以方便别人啊。"盲人叔叔说。

"哦,帮助别人的时候其实也帮助了自己,因为这样别人就不会撞到你身上了。"叶可心恍然大悟。

是啊,帮助别人其实就是帮助自己,你愿意伸出自己的手,拉别人一把吗?别忘了送人玫瑰,手有余香。

后人乘凉

帮助别人好处多

● 1. 帮助了别人,自己心情也会很愉快;

● 2. 对方摆脱了困境,会很愉快,很感谢你;

● 3. 经常帮助别人,不知不觉中树立了威信,也会收获很多友谊。

最好的消息

● 爱之花开放的地方,生命便能欣欣向荣。
　　　　　　　　　　　——[荷兰]梵高

叶可心和叔叔走在路上,路边有一个女人跑过来对叔叔说:"我的孩子得了急病,现在急需用钱,能不能帮助我一下?"

叔叔毫不犹豫地从口袋里掏出了100元钱,递给了那个女人,女人千恩万谢地走了。

女人走后,旁边的一个人凑过来说:"告诉你一个坏消息,那个女人是个骗子。她根本就没有孩子,她甚至还没有结婚呢!"

"这么说就没有一个小孩子病了吗?"

"是的,根本就没有。"

"这是我今天听到的最好的消息了。"叔叔很开心地说。

哇,原来,在叔叔的眼里,别人都幸福美满才是他最大的快乐。叶可心暗暗地想:我也要向叔叔学习。

无论别人对你如何,无论你的境遇如何,都不会妨碍你用一颗真诚的心去爱。勇敢地去爱吧!爱是世界上最美好的情感,它在温暖别人的时候也滋润了你。

伟大的爱,你能做到吗?

1. 爱每一棵小草和每一朵鲜花,即使花上有刺刺伤了你;
2. 爱昨天还跟你抢玩具的同桌;
3. 爱刚刚批评过你的老师;
4. 爱把你晒得黝黑的太阳;
5. 爱路上不小心踩了你一脚的陌生人。

每天进步一点点

● 不积小流，无以成江河；不积跬步，无以至千里。
　　　　　　　　　　——荀子《劝学》

暑假，姨妈带叶可心去海洋公园。她们看到一头大鲸鱼，重达8600公斤，但却能跃出水面6.6米，而且能表演各种杂技，让观看的人惊叹不已。

"这头鲸鱼怎么能跳那么高啊？"周围有人忍不住问道。

训练师不慌不忙地说出了秘诀："在最开始训练的时候，我们会把绳子放在水面之下，使鲸鱼从绳子上方通过，每通过一次，鲸鱼都会得到奖励。渐渐地，我们把绳子的高度提高，但是只提高一点点，就这样，鲸鱼跳得越来越高，最后竟然达到了

6.6米。"

"只要每天进步一点点,就可以取得惊人的进步啊!"叶可心受到了很大的启发。

别小看每天进步的这一点点,其实只要积累起来,可是不小的进步。所以,我们每天都要努力让自己进步一点点呀!

 进步小表格,督促自己每天进步

日期	我做的可以让自己进步的小事			
月 日	1.	2.	3.	4.
月 日	1.	2.	3.	4.
月 日	1.	2.	3.	4.

雨衣给谁用？

● 把别人的幸福当做自己的幸福，把鲜花奉献给他人，把棘刺留给自己！

——［西班牙］巴尔德斯

叶可心和爸爸、妈妈、弟弟在楼下的草坪上玩。天有点阴，妈妈为了以防万一，拿了一件雨衣下来。

这时候起风了，天开始下起了雨。爸爸把雨衣给了妈妈，妈妈给了叶可心，叶可心又给了弟弟。

弟弟不理解地问："为什么爸爸给了妈妈，妈妈给了姐姐，姐姐又给了我呢？"

爸爸温柔地说："因为爸爸比妈妈强大，妈妈比姐姐强大，姐姐又比你强大啊。我们都要保护比自己弱小的人。"

弟弟想了想，把雨衣搭到了旁边被风吹得东摇西晃的小花上。

原来真正的强者并不是多么有力、多么有钱的人，而是能够关爱他人的人，是把别人的幸福当成自己幸福的人。你我都要铭记这一点呀！

关爱每一天

● 1. 早晨起来，关心一下妈妈的双手，提醒妈妈擦好护手霜。

● 2. 上学路上，关爱路旁的小花小草，不要践踏到它们。

● 3. 学校里，关爱每一名同学，不欺负小同学。

● 4. 放学路上，关爱那名学习落后的同学，和他一起回家。

● 5. 晚上，关爱一下爸爸和妈妈，帮助他们做家务，听他们的话。

我不为明天忧虑

● 要坚强,要勇敢,不要让绝望和庸俗的忧愁压倒你。
——[意大利] 亚米契斯

叶可心和爸爸妈妈一起去看电影。电影非常有趣,电影院里的人都笑得前仰后合,但是叶可心始终皱着眉头,笑不起来。

妈妈注意到了这一点:"你怎么不开心啊?"

叶可心愁眉苦脸地说:"我还想着明天的考试呢,还有后天的绘画比赛,还有大后天的体育测试……"

妈妈打断了她的话,说:"那你都准备好了吗?"

叶可心点点头,说:"准备好了,但是我还是觉得很紧张,很忧虑。"

"只要准备好了,就不用再想了,我们只为今天忧虑就好了，明天自有明天的忧愁，你烦恼再多也是没有用的。"

妈妈的话轻松地化解了叶可心的烦恼，她尝试着把烦恼忘记，投入到电影剧情当中。

人每天都面临新的挑战，但是不应该把这些忧虑放在心上。我们要学会拿得起，放得下，只有这样，你才不会被重担压趴下。

★ 不为明天忧虑的理由

1. 今天的忧虑丝毫不能改变明天，我们的忧愁是毫无意义。

2. 忧愁会影响今天的心情，让自己不开心，而这种不开心完全是自找的。

3. 忧愁多了，身体容易运转不畅，对身体无益。

4. 忧愁也一天，快乐也一天，为什么不让自己快乐呢？